钢铁工业数字化转型
优 秀 案 例 集

钢铁工业数字化转型优秀案例集编写组　编

北 京
冶 金 工 业 出 版 社
2024

内 容 提 要

本书主要介绍钢铁数字化技术的优秀应用案例,包括人工智能、大数据、数字孪生等新技术在炼铁与铁前、炼钢连铸、形性面、中厚板、热轧、冷轧、实验装备、长材、资源管理、数据处理、有色金属等工序或场景的具体应用案例。书中内容具有实用价值及良好的借鉴价值。

本书可供钢铁企业、钢铁企业信息公司、通用供应商、设计院所、科研院所等钢铁行业相关管理者、技术人员、科研人员参考,也可供相关领域高校师生参考。

图书在版编目(CIP)数据

钢铁工业数字化转型优秀案例集/钢铁工业数字化转型优秀案例集编写组编. —北京:冶金工业出版社,2024.3

ISBN 978-7-5024-9824-5

I. ①钢… Ⅱ. ①钢… Ⅲ. ①钢铁工业—数字化—案例 Ⅳ. ①TF-39

中国国家版本馆 CIP 数据核字(2024)第 063395 号

钢铁工业数字化转型优秀案例集

出版发行	冶金工业出版社	**电 话**	(010)64027926
地 址	北京市东城区嵩祝院北巷 39 号	**邮 编**	100009
网 址	www.mip1953.com	**电子信箱**	service@ mip1953.com

责任编辑 卢 敏 姜恺宁 李泓璇 美术编辑 吕欣童 版式设计 郑小利
责任校对 郑 娟 责任印制 窦 唯
北京捷迅佳彩印刷有限公司印刷
2024 年 3 月第 1 版,2024 年 3 月第 1 次印刷
787mm×1092mm 1/16;15.5 印张;298 千字;239 页
定价 169.00 元

投稿电话 (010)64027932 投稿信箱 tougao@cnmip.com.cn
营销中心电话 (010)64044283
冶金工业出版社天猫旗舰店 yjgycbs.tmall.com
(本书如有印装质量问题,本社营销中心负责退换)

目　　录

钢铁行业数字化转型总体架构

钢铁行业新型工业化数字化平台
——钢铁企业创新基础设施

1　背景与必要性

进入 21 世纪以来，人类社会进入了数据时代，数据指数级爆发式增长，数量越来越大、种类越来越多、速度越来越快、价值越来越高。数据已经成为全球新一轮产业竞争的制高点、改变国际竞争格局的新变量。钢铁工业作为一个生产钢铁原材料的大型流程工业行业，面临巨大的挑战和前所未有的发展机遇。

建设"数字中国"是推进中国式现代化的重要引擎，强调利用大数据和智能化技术赋能传统产业转型升级。国家"十四五"规划、《"十四五"原材料工业发展规划》《"十四五"智能制造发展规划》《钢铁行业稳增长工作方案》等都将"加快推进数字化转型智能化升级""开发全流程一体化优化软件"列为钢铁行业重点任务。

钢铁工业是国民经济的重要支撑。作为典型的流程工业，钢铁制备过程由功能不同但又相互关联、相互支撑、相互制约的多个工序通过串联、并联方式构成。我国已建成产业链完整的钢铁工业体系，自动化和信息化水平较高，多数品种可实现自主供给，但仍然面临着产品质量与生产效率提高的重大需求及节省资源、降低成本、环境友好等诸多挑战。以某年产 1600 万吨精品板带材的生产基地为例，由于钢材降级引起的质量损失高达 7.15%，仅此一项的年经济损失就超过 10 亿元。随着用户对品种、规格的定制化需求日趋强烈，生产过程产品规格切换更加频繁，进一步加剧了问题的复杂性。

究其原因，钢铁生产全流程各工序均为"黑箱"，实时信息极度缺乏，属于严重的"不确定性"生产过程。主流程"黑箱"事关钢铁行业产品质量、产量、效率、稳定性、成本、生态等最关键问题，是钢铁工业竞争力的核心。钢铁工业最重要的关键共性任务，就是提高模型整体精度与复杂动态工况的适应能力，破解全流程"黑箱"，变"黑箱"为"透明"，掌握"黑箱"中的规律，实现工序内和工序间的各层次协调优化，指导生产过程的绿色化改造、数字化智能化控制、钢铁产品优质化、全钢铁产业链的强链化。

在大数据、云计算、人工智能等数字化技术的推动下，用于表述信息空间与物理空间相互映射、适时交互、高效协同过程的数字孪生技术顺势出现，构建系列高精度数字孪生模型和协调优化方法，解决"黑箱"问题唯一也是最好的方法，就是数据科学/数据技术与实体经济融合、解决"不确定性"问题的数据分析方法。

钢铁行业全流程、全产业链的"黑箱"为数据科学与数字技术的应用提供了丰富的应用场景资源，而钢铁行业在自动化、信息化方面长期积累的良好基础，又为数据科学与数字技术的应用提供了无比丰富的数据资源，这两点是钢铁行业数字化崛起的重要机遇。

我国钢铁产能居世界首位，自主研发智能化关键核心技术并引领全球钢铁行业升级责无旁贷。本项目面向国家重大战略落实，契合钢铁行业转型升级方向。着眼于钢铁生产全流程，以现有控制系统为基础，构建各生产工序数字孪生与全流程智能制造系统，有组织引导实施钢铁数字化转型升级，确保智能化关键核心技术自主可控，提升产品质量和产线运行水平，占领钢铁行业智能化发展的制高点，对其他流程工业的数字化转型升级也将起到良好的引领作用。

2 钢铁材料企业创新基础设施

为了适应钢铁行业数字化转型的要求，钢铁行业正在由传统的机理、模型驱动的多层控制系统架构向数据驱动的扁平化双层架构过渡。这种双层架构的底层是数据采集和执行机构，而上层在边缘和云平台分别配置数据中心/机器学习单元。借此，在边缘和底层之间构成信息物理系统（CPS），实现高实时低延迟的快速、实时控制功能；而在云平台和边缘、底层之间，实现低实时、多目标的综合管理功能，支撑边缘与底层构成的 CPS 系统的运行。以工业互联网为载体、以底层生产线的数据感知和精准执行为基础、以边缘过程设定模型的数字孪生化和边缘–底层 CPS 化为核心、以数字驱动的云平台为支撑的服务于钢铁企业的数字化创新基础设施如图 1 所示。

钢铁材料创新基础设施是数据时代钢铁工业最先进的数字化、智能化科技创新系统。它具有 4 个重要功能，即绿色化关键工艺–装备创新功能（绿色化）、超级智能的 CPS 过程控制功能（数字化）、高效率低成本的产品创新功能（高质化）、全产业链协调管理优化运行功能（强链化）。其中"绿色化""高质化""强链化"的实现，最终需要高新技术的支撑。对材料行业来讲，这种支撑来自"数字化"功能，"绿色化""高质化""强链化"最终归结为"产业数字化"，归结为将实体经济与数字经济、数字技术的深度融合。所以，"钢铁产业数字化"是实现钢铁"四化"的可靠抓手。而数字化的核心是超级智能的 CPS，它的建设和发展将破解钢铁行业全流程"黑箱"，使其变"透明"，建立钢铁行业的智慧"大脑"，推动钢铁行业"绿色化""高质化"

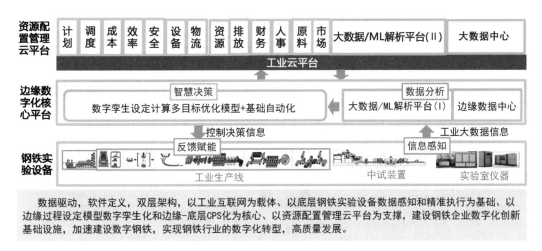

图1 工业互联网架构下的钢铁企业创新基础设施

"强链化",创新发展、转型升级。

3 钢铁生产过程数字化关键技术

钢铁生产过程各个工序数字化基础参差不齐,分别制定差异化的数字化技术发展路径。预期提高生产效率5%以上,产品不良率下降10%,碳排放下降5%,缩短研发周期30%,有力支撑钢铁行业数字化转型和智能化升级。

3.1 高炉数字化炼铁关键技术

3.1.1 技术架构

建立高炉炼铁CPS系统,融合大数据、冶炼机理和AI,提高炼铁智能化水平。通过全流程工业大数据平台改进数据管理,提高数据质量;采用"工艺机理+数据算法+专家经验"数字孪生模型系统,解析生产过程状态;通过在线多目标优化和动态控制系统,指导高炉实现安全、稳定、低碳、高效生产,提升炼铁智能化水平。

3.1.2 关键技术

高炉数字化炼铁关键技术如图2所示,具体如下:

(1)从数据采集、数据治理、时滞性分析、关联性分析等多方面,建立高炉炼铁系统"原燃料-工艺操作-炉况-渣铁"全链条数据治理与关联规则,开发"数据"到"信息"的数字化解析技术;

(2)构建炼铁数据、冶炼工艺和专家经验多重驱动的高炉动态数字孪生系统,开

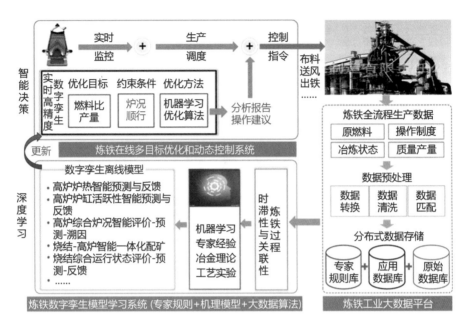

图 2　高炉数字化炼铁关键技术

发高炉关键变量高炉精度数字化预测技术，深度感知高炉复杂工况信息；

（3）融合大数据和专家知识，建立高炉综合运行状态科学评价机制，应用深度学习和集成学习，开发高炉综合炉况实时监控、准确预测和科学溯因技术；

（4）针对高炉多关键目标变量协同优化，采用数据与机理双驱动，构建以数字孪生为基础、以多维协同为特征的高炉炼铁信息物理系统，开发适应动态炉况的高炉操作智能自主优化技术，形成高炉数字化决策与自愈策略。

3.1.3　预期成效

面向钢铁行业的高炉炼铁智能化赋能降碳解决方案大幅提升高炉炼铁智能化生成水平。

（1）高炉炼铁数据利用率提升 30%；

（2）高炉炼铁关键指标预测准确率高于 90%；

（3）降低高炉炼铁燃料消耗 5~10 kg/t；

（4）提高炼铁产线运行稳定性 20%~40%；

（5）提升铁水合格率、减少炉况失常恢复成本 10%~30%。

3.2　铁水预处理脱硫数字化关键技术

3.2.1　技术架构

针对铁水预处理过程，研究铁水脱硫数字化模型，建立脱硫终点预测及工艺智能优化方法，形成铁水预处理脱硫原位分析系统。

3.2.2　关键技术

铁水预处理脱硫数字化关键技术如图3所示，具体如下。

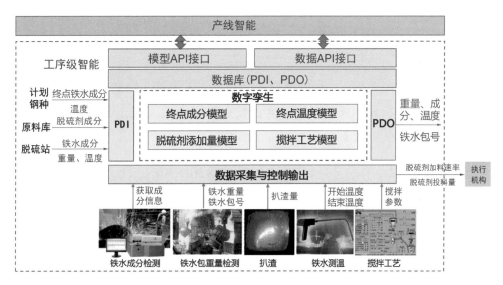

图3　铁水预处理脱硫数字化关键技术

（1）铁水脱硫工业数据处理策略：利用工业数据，规范化处理数据，采用降噪、均衡和降维的方法，提高数据质量；

（2）铁水脱硫终点预测技术：基于经过处理的工业数据，结合冶金学原理和机器学习，建立铁水状态、脱硫工艺和脱硫终点的模型，统一框架下预测铁水脱硫终点（成分、温度）；

（3）铁水脱硫终点模型自优化方法：针对模型参数多、寻优难的问题，研究模型评价准则，建立模型参数自优化方法；

（4）铁水预处理脱硫的智能优化策略：开发适用于铁水预处理脱硫最优化问题的算法，考虑多种约束条件，实现目标脱硫终点下的智能工艺设计；

（5）铁水预处理脱硫工艺智能优化技术：基于预报模型和智能优化，考虑多条件约束，建立铁水预处理脱硫工艺智能优化方法；

（6）铁水脱硫原位分析系统开发：基于数据处理策略、数字化模型和工艺优化技术，开发铁水脱硫原位分析系统，实现高精度脱硫终点预测，优化脱硫剂设计，提高终点命中率，降低生产成本。

3.2.3　预期成效

针对铁水预处理脱硫过程，开发数字化原位分析系统，预计取得以下应用成效。

（1）脱硫终点±0.0007%预测命中率不低于90%；

（2）降低脱硫成本5%；

（3）铁水脱硫率不低于95%。

3.3 转炉全流程智慧炼钢控制技术

3.3.1 技术架构

基于数据驱动的理念架构，深度整合现场实际工艺制度，将转炉"五大"工艺制度数据驱动模型与现场人工操作紧密结合，按照工序衔接流程，依次开发吹炼过程、转炉复吹等主要功能模块见图4。

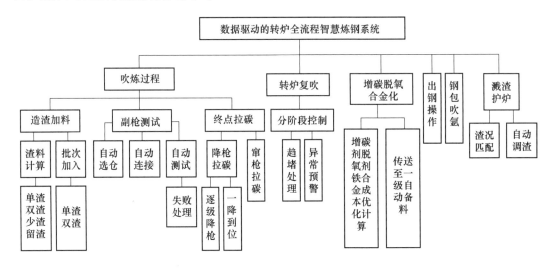

图4 数据驱动的转炉全流程智慧炼钢系统

在烟气分析、音频化渣、火焰监测、副枪检测等工艺设施支持下，开发数据清洗、大数据分析、自学习等辅助性模块，为转炉系统氧枪、加料、拉碳等主要操作环节提供数据支持，见图5。

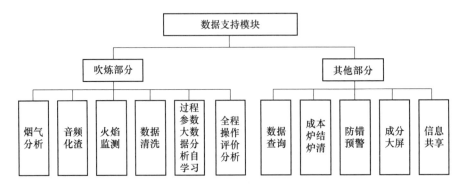

图5 转炉系统数值支持模块

3.3.2　关键技术

（1）吹炼控制模块：实现吹炼过程的智能调整，自适应根据渣况调整氧枪，实时预测重要冶炼参数，自动执行窜枪、拉碳和结束吹炼；

（2）复吹运维模块：对复吹系统参数实时监控，压力和流量异常时语音报警，自动分析并吹堵处理；

（3）增碳脱氧合金化模块：智能选择增碳、脱氧、合金化方案，提高成本效益，语音提示生成方案，自动生成合金备料，实现自动振料；

（4）出钢引导模块：通过实时曲线动态优化模拟引导转炉出钢，自适应出钢口状态和时长，声光报警优化摇炉角度，实时显示出钢曲线，存储历史数据；

（5）钢包吹氩模块：出钢时自动调整吹氩，自动关闭吹氩系统管路，记录历史数据，支持异常炉次查询；

（6）转炉溅渣护炉操作智能控制系统：自动匹配多种溅渣模式，智能判断渣情，自动加料和调渣。

3.3.3　预期成效

实现转炉工序从经验操作到智能控制的改变，各项关键工艺指标均有显著改善。

（1）冶炼脱磷率提高 5%；

（2）冶炼普通钢种全炉溢渣喷溅几率降低 50%；

（3）冶炼终点一次倒炉率达到 95%，渣中 FeO 质量分数降低 2%。

3.4　炉外精炼智能化关键技术

3.4.1　技术架构

基于现代钢铁材料制备工艺，聚焦 LF、RH 等二次精炼工艺，解决造渣、合金化和控温难题。利用冶炼大数据和人工智能算法，融合冶金原理，开发智能模型，实现智能造渣、合金化和加热。构建智能精炼 CPS 系统，整合状态感知、科学分析、智能决策和反馈控制，提高冶金质量和精炼效率。

3.4.2　关键技术

炉外精炼智能化关键技术见图 6，具体如下：

（1）智能造渣技术：结合转炉状态、渣改质要求和冶金机理，使用冶金大数据，

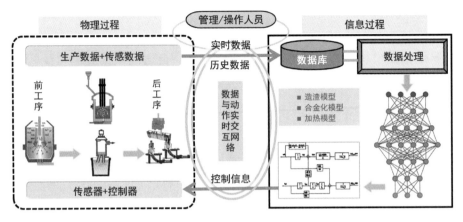

图 6 智能精炼技术

预测造渣剂用量，决策造渣方式，自动执行操作，提升精炼造渣智能化；

（2）智能合金化技术：根据钢水成分、温度，综合历史数据和冶金机理建模，预测合金元素加入率、方式，自动下发命令，提高精炼合金化智能化；

（3）智能加热技术：结合多因素，包括渣金反应热、合金溶解热、钢包状态等，预测加热方式，自动执行操作，提高精炼加热智能化；

（4）智能精炼可视化技术：考虑合金投料结果、收得率、熔化时间，动态计算合金元素含量，构建精炼钢水温度动态预测模型，动态显示钢水温度和成分，提升精炼过程可视化；

（5）智能数据采集与传输技术：采集并传输精炼及前后工序数据，用于智能模型运行和结果传输；

（6）智能精炼过程控制技术：集成各智能模块于一个控制系统平台，实现智能控制和管理精炼过程，生成生产日志和数据显示。

3.4.3 预期成效

融合冶金基本原理开发智能造渣、智能合金化与智能加热模型，支撑冶金质量与精炼效率的协同提升。

（1）精炼终点钢水锰、硅等成分命中率提升 20%；

（2）精炼终点钢水温度命中率提升 30%。

3.5 连铸数字化关键技术

3.5.1 技术架构

研发模型-数据-经验融合驱动的连铸数字化平台，全面实现铸坯质量目标函数连续化与智能化评估，连铸过程高温"黑箱"可视化，连铸过程智能预测与优化控制功能。

3.5.2 关键技术

开展模型-数据-经验融合驱动的连铸数字化平台解决方案攻关，突破铸坯质量自动识别与智能分析、连铸全流程多物理场耦合可视化、铸坯质量智能预测与反馈调控等技术，见图7。

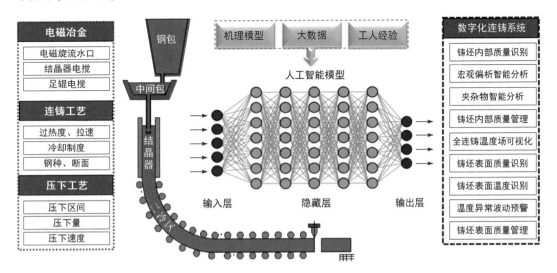

图 7　连铸数字化技术

（1）铸坯质量自动识别与智能分析技术：通过数据收集、处理和标定，构建人工智能模型，实现铸坯质量的自动识别。建立质量评价系统，包括疏松、缩孔、裂纹和等轴晶区等评价系统，实现连铸坯质量的智能分析。

（2）连铸全流程多物理场耦合可视化技术：研究多物理场之间的耦合机制，包括电磁场、流场、温度场、凝固和溶质相互耦合作用。实现连铸过程流场、凝固、溶质、夹杂瞬态可视化。

（3）铸坯质量智能预测与反馈调控技术：研究凝固过程瞬态流场对铸坯质量的遗传规律，电磁冶金装备参数、压下装备参数、连铸工艺参数对铸坯质量的耦合影响规律。通过遗传算法反向寻优实现连铸过程影响参数的最优配合，实现在线调控工艺。

3.5.3 预期成效

连铸数字化平台大幅提升钢铁企业连铸坯质量和连铸生产安全可控性，取得以下应用成效。

（1）连铸工艺典型产品均质化提升 40%；

（2）结晶器液面波动降低 20%；

（3）结晶器弯月面卷渣降低 50%；

（4）温度预测准确率达到 95% 以上。

3.6 热轧过程三维尺寸数据驱动建模关键技术

3.6.1 技术架构

建立高精度的力能参数、弹性变形、塑性变形、表面质量、内部力学性能和三维尺寸模型，构建轧制过程动态数字孪生和多工序协同控制平台。整合机理模型、大数据、机器学习、数字孪生等技术，映射生产属性到虚拟空间，通过多源数据和模型联合解析，建立面向质量参数的热连轧信息系统。

3.6.2 关键技术

热轧过程三维尺寸数据驱动建模关键技术（图 8）以提高板带材轧制过程的控制稳定性和质量精度为目标，采用数据驱动模型与机理模型深度融合技术，建立轧制过程动态数字孪生模型，通过工序间的动态协同控制和工艺逆向优化，提高轧制工艺对复杂多变工况的原位分析能力，改善热轧制过程质量指标。

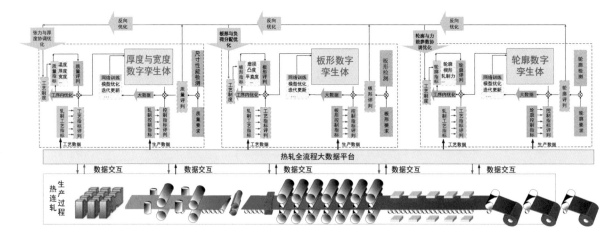

图 8 热轧过程三维尺寸数据驱动建模关键技术

（1）基于生产数据、工艺机理和经验知识等多源过程信息融合，建立动态数字孪生模型，提高模型对于复杂工况和边界条件变化的适应能力；

（2）以多源数据和多模型联合解析技术为基础，提出质量异常预测诊断与跨工序溯源方法，构建板带轧制全流程质量异常监测与跨工序溯源综合体系；

（3）突破单工序独立控制视角，形成多工序协同控制决策与单工序协同控制相结合的质量自愈与修复方法，实现板带轧制过程质量控制精度与速度双提升。

3.6.3　预期成效

实现复杂工业过程质量异常的实时诊断与跨工序溯源，以及全流程多工序的综合质量一体化协同控制。

（1）典型规格头部厚度精度±30 μm，本体厚度精度±15 μm；

（2）宽度偏差 0~6 mm；

（3）板形控制质量达到 25IU，板凸度（C25）控制偏差小于 25 μm。

3.7　冷轧数字化模型与工艺优化技术

3.7.1　技术架构

融合冷轧生产数据构建精准数字孪生模型，提升复杂工况下的模型精度与适应能力。设计工艺及质量控制信息物理系统，实现轧制规程、轧辊制度、润滑制度等智能协调优化。研发三维尺寸高精度控制、表面质量检测与调控、薄硬带钢高速稳定轧制等智能化创新技术，形成带钢冷轧数字化控制全套控制系统，满足极薄厚度、更高精度、更优表面和更高速度的生产需求。

3.7.2　关键技术

冷轧数字化模型与工艺优化技术见图 9，具体如下。

图 9　冷轧数字化模型与工艺优化技术

（1）轧制规程自适应与多机架厚度-张力综合协调方法：构建冷连轧数字孪生模型，发明轧制规程自适应方法，抑制摩擦变化对非稳态过程的影响。提出多机架厚度-张力综合协调新模式，解决单指标、单机架独立控制相互干扰的问题。

（2）板形解析数学模型与板形精准控制信息物理系统：创建考虑原料状态和宽展变形的板形解析模型，提出调控功效系数自适应获取方法，构建板形控制信息物理系统，实现多机架的板形协调优化。

（3）表面微观形貌检测装置与轧制转印调控系统：研制带钢及轧辊表面微观形貌检测装置，揭示印铁美观性、冲压储油性和涂镀黏附性与表面微观形貌的关系，构建轧制转印调控系统，动态优化轧制工艺与轧辊服役制度。

（4）关键设备健康状态与轧机稳定状态评估成套技术：设计关键设备故障诊断与健康度评估方法，提出多参数耦合的轧制稳定性判据，形成通过工艺智能优化而不降速的振动抑制策略，实现了薄硬带钢高速稳定轧制。

3.7.3 预期成效

研发出自主可控的冷连轧数字化全套控制系统，满足冷轧带钢极薄厚度、更高精度、更优表面和更高稳定性的生产需求。

（1）典型产品尺寸偏差下降20%；

（2）轧制生产效率提高5%。

3.8 轧制过程形-性-面一体化调控技术

3.8.1 技术架构

针对热轧生产，轧制力是关键工业大数据。基于此，开发机器学习方法，建立轧件组织演变、流变应力、表面氧化、界面摩擦的关系，建立高保真数字孪生。结合多目标智能优化，实现热轧板带材生产过程的全局一体化调控，提高组织性能、表面质量、板形和尺寸。图10为热轧过程"形-性-面"耦合机器学习系统技术架构。

3.8.2 关键技术

（1）热轧全流程组织演变可视化：借助工业大数据和机器学习，以流变应力为核心，揭示轧制过程中奥氏体再结晶和晶粒形态的演变，实现对混合组织的晶粒尺寸、形状和体积分数的定量描述，并通过显微组织的快速重构，展示奥氏体和析出物的形貌演变。

（2）热轧全流程氧化行为动态演变：利用数据分析算法研究氧化速率、氧化铁皮

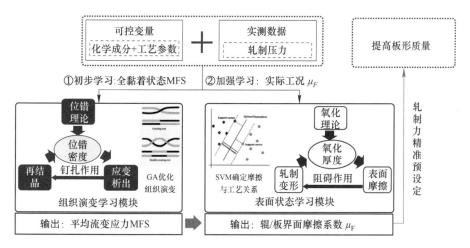

图10 热轧过程"形-性-面"耦合机器学习系统技术架构

的变形率与轧制工艺和化学成分之间的关系，建立非等温氧化动力学模型，精准预测氧化铁皮厚度演变，并建立氧化状态与界面摩擦系数的对应关系，以实现轧制过程界面状态的精准描述。

（3）轧制力高精度预测和板材厚度、板形控制：建立轧制过程中轧件软化行为、流变应力、表面氧化状态和轧制摩擦状态之间的耦合关系模型，融合工业数据，开发集成学习方法，以实现高保真的动态数字孪生，精确计算轧制力，解析再结晶、析出和氧化等微观物理过程，提高厚度和板形控制的精度。

3.8.3　预期成效

实现生产过程的高保真数字孪生，解决钢材成型成性中的关键问题，支撑实现产品的高质化、稳定生产。

（1）典型产品生产效率提升5%；

（2）典型产品性能波动下降10%。

4　应用前景

未来五年：完成钢铁产业数字化转型标准与规范的制定，指导、规范钢铁行业数字化转型；建成15~20条企业数字化转型样板线，局部地区建成区域政府部门的企业创新基础设施管理系统，树立钢铁行业的数字化转型、新型工业化、高质量发展的标杆；建成全流程钢铁大模型工程样板，对钢铁企业进行指导、优化与赋能。

未来十年：重要产钢地区建成区域政府部门管理企业数字化转型和创新基础设施管理系统；形成国家钢铁企业创新基础设施系统，钢铁行业基本完成数字化转型，实现高质量发展；建成钢铁行业管理控制优化大模型。

在发挥钢铁行业数据资源和应用场景的优势，钢铁工业实体经济与数字经济、数字技术相融合，大力建设钢铁企业创新基础设施，以数字化赋能绿色化、高质化、强链化，走新型工业化的道路。10年内，钢铁企业基本完成高质量、高效率、低成本数字化转型，赋能推动钢铁行业绿色化转型、高质化发展、强链化运行，极大提高我国钢铁行业的国际竞争力，使我国钢铁行业成为中国式现代化企业的典范、国际领先的产业集群。

铁前区大模型系统案例

高炉喷吹煤粉在线测量及智能监测系统

1 项目背景

高炉作为炼铁的主要场所，是现代钢铁生产的重要环节。随着近年来高炉喷煤量的不断增加，对喷煤安全性、稳定性的要求也在不断提高。对煤粉流动参数的实时在线测量和监测具有两方面的作用：

（1）实时监测总体喷吹煤粉水平和各风口喷吹煤粉的情况，了解高炉各风口的工作状态。

（2）控制总喷吹煤粉量和各喷口的喷吹量提供信号，实现高炉喷煤总质量流量自动控制和各风口喷煤量自动控制及氧/煤比优化控制。

实现对气力输送煤粉的流动状态进行直观量化的监测和计量，对于推动炼铁企业或燃煤电厂喷煤技术进步，保证炼铁高炉和燃煤锅炉燃烧的稳定性和安全性有着重要的作用，对进一步调高企业的生产质量和经济效益具有重要的意义。

2 技术方案

面向高炉喷吹煤粉流动参数在线测量及煤粉喷吹状态监测的实际需求，针对我国高炉喷吹系统的煤种及配比变换频繁的现状，提出具有介电常数自动校正功能的煤粉流动参数应用解决方案。该方案基于电容传感原理，可以实现具有介电常数自动校正功能的喷煤总管质量流量计量；同时，可以提供关于喷煤系统的设备健康状况、不良后果的警告和操作建议，为现场操作人员提供可解释性和有效性的报警指示，使现场操作人员能够更加有效、快速、准确地执行喷煤操作任务。此外，应用解决方案还包括基于视频信息，采用机器视觉和深度学习等人工智能技术实现高炉风口及炉内运行状态信息的监测。

2.1 具有介电常数自动校正功能的煤粉流动参数监测方案

具有介电常数自动校正功能的煤粉流动参数应用解决方案的总体框架如图1所示，

其主要特点为：

（1）提出基于高性能的电容传感器集成技术，解决了传统电容测量方法无法补偿因煤种变化产生的测量误差问题。

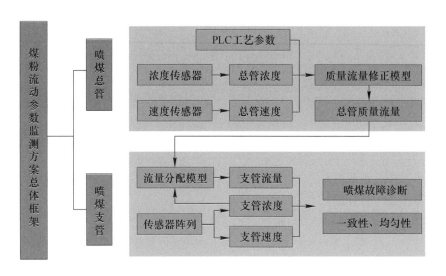

图 1　煤粉流动参数应用解决方案总体框架

（2）提出了一种螺旋极板相浓度电容传感器的结构组成及结构参数设计方法。螺旋极板结构形式的相浓度电容传感器结构优化、均匀性误差小，能明显改善由于气固两相流型复杂多变和电容传感器"软场"特性对于测量的影响。

（3）设计了能够抑制杂散电容影响，具有较高灵敏度、较高信噪比的微小电容硬件检测电路，将原有的检测电路的分辨率及灵敏度提高了 5 倍以上。

（4）提出一种具有介电常数补偿校正功能的煤粉质量流量测量新方法。解决了工业应用现场由于物料种类及配比等原因引起的物料介电常数变化对气力输送粉体质量流量测量带来影响的问题，实现固相物料质量流量在线、可靠、连续测量。该测量方法已获得了发明专利。

（5）提出基于数据驱动的煤粉质量流量模型及在线校正方法。应用该方法建立的质量流量测量模型已在工业现场应用，实现对于高炉喷煤总管的质量流量等流动参数测量，并有效监测了高炉喷煤支管间在时间及空间上的喷煤均匀性、一致性。

（6）提出了气力输送粉体的输送故障快速诊断方法。针对气力输送粉体时输送管道堵塞、空吹、输送不畅等状态，实现输煤故障位置及状态的预报及诊断，输煤故障诊断时间小于 10 s。

2.2 基于机器视觉的喷煤风口及炉内运行状态监测

喷煤风口及炉内运行状态的动态监测,对炼铁高炉的正常平稳运行至关重要。该技术通过在风口处布设高速摄像仪,对风口进行视频拍摄,获取风口处的喷煤及炉内的运行状态视频。应用机器视觉及深度学习等人工智能技术,对风口及炉内运行状态进行监测。包括基于视频图像处理技术实现风口回旋区活跃性分析,风口结焦及渣皮脱落监测,以及风口前端块状物尺寸分布监测及成分判别等功能,如图 2~图 3 所示。

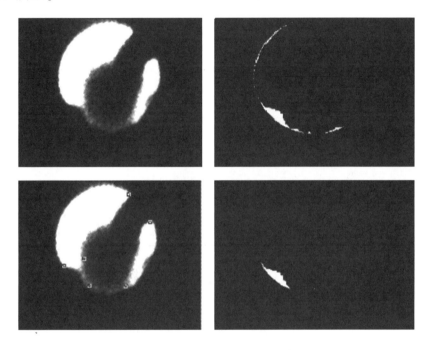

图 2　风口结焦监测

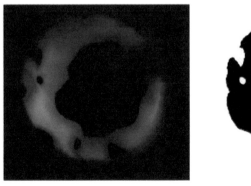

图 3　风口前端块状物区域提取

3 应用效果

以某炼铁厂某年连续 4 个月的 810 组数据为例，利用喷煤罐电子秤一段时间内平均流量与总管喷煤流量计量系统进行比对，结果如下：

（1）最大流量 40.99 t/h（喷煤罐一段时间内的平均流量）；

（2）最小流量 8.85 t/h（喷煤罐一段时间内的平均流量）；

（3）满量程误差超过 ±5% 的有 20 组；在这 20 组中，误差都分布在 ±5% ~ ±8%。

产生这些误差的原因主要有罐压变化、称量系统出现偏差、煤粉的水分变化或者是其他一些因素。经过系统在线校正，系统误差可控制在小于 ±4%。

高炉喷煤支管状态监测的系统响应时间小于 10 s，输煤故障诊断准确率大于 99%，实现了堵塞、空吹、停喷等输煤故障的在线快速诊断，图 4 为现场获得喷煤状态特征参数检测曲线。

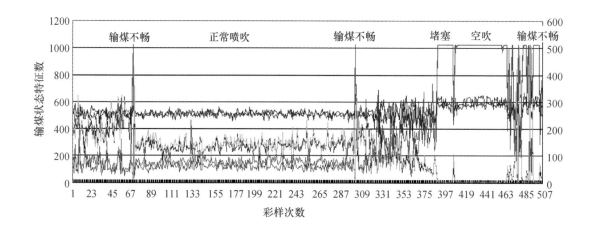

图 4　输煤状态特征参数检测曲线

本系统拥有多项国际国内技术发明专利。目前，本系统已在宝钢股份炼铁厂全部 4 座高炉及湛钢 1BF、2BF 全部 2 座高炉等 4000 m³ 以上的高炉中应用；在宝钢中厚板分公司的中国第一座非焦炼铁的 COREX 一步熔融还原炉应用；在韶钢等高炉中应用。部分现场应用图片如图 5 所示。

图 5　现场应用图片

王玉涛

基于铁前系统大数据的烧结智能配矿

烧结矿是高炉最主要的原料，其性能极大地影响着高炉操作的稳定高效，对于提高高炉炼铁系统的经济效益起着至关重要的作用。随着优质铁矿石资源减少与铁矿石价格上涨，在钢铁行业亟需降本增效的大背景下，烧结用铁矿石资源种类多、成分杂、特性差异大，使得通过简单的烧结混合矿成分预测并不能保证实际烧结矿冶金性能的稳定，进而影响高炉的正常运行。随着人工智能的进步，机器学习算法在烧结矿性能预测方面迅速发展，并取得良好效果。将机理与机器学习进行深度融合，可以更准确地挖掘烧结原料、烧结过程参数与烧结矿性能之间的逻辑关系，同时降低现场操作人员劳动强度。因此基于机理与机器学习开展烧结矿性能智能预测与烧结智能优化配矿，可达到合理利用铁矿资源、稳定烧结矿质量、增产降耗的目的。

现有烧结智能配矿技术在国内外产线上的应用较少，包括唐钢的烧结过程智能评估与优化系统、奥钢联的铁矿石原料准备及烧结集成优化系统等，主要从烧结配矿机理与专家经验角度出发，对烧结配矿方案进行优化，未考虑烧结过程参数对烧结矿性能的影响，而烧结布料厚度、抽风负压、点火温度、欠烧或过烧等参数对烧结矿性能同样有着较大影响，因此本案例将机理与数据驱动充分融合，将冶金理论的原则性与大数据技术的精准性相结合，实现烧结矿性能的智能精准预测，进而基于铁前实际生产条件优化烧结配矿方案，与现场铁前生产结合程度高，进一步提升了铁前系统降本潜力。

东北大学储满生教授团队在调研铁前系统数据情况与原燃料条件的基础上，针对烧结矿配矿成本高、烧结矿质量不稳定等问题，提出基于铁前系统大数据的烧结智能配矿方法，采用大数据技术与集成学习架构将机器学习与机理进行深度融合，研发和应用基于机理与数据融合的烧结智能配矿技术。该技术对于满足高炉长周期稳定顺行、降低铁前系统生产成本、提高经济效益有重要的作用。

案例技术路线如图1所示，内容包括：（1）建立烧结智能配矿数据库。提出数据需求，同时开展数据调研，建立包含烧结原料、烧结工艺参数、烧结矿质量等现场多源异构数据的数据库，为后续智能配矿模型分析提供高质量的数据。（2）烧结过程数据治理。采用数据处理技术，实现烧结智能配矿数据库数据的自动清洗与整合。（3）进行现场常用烧结铁矿粉单矿、混合矿烧结基础特性实验研究，表征单矿和混合

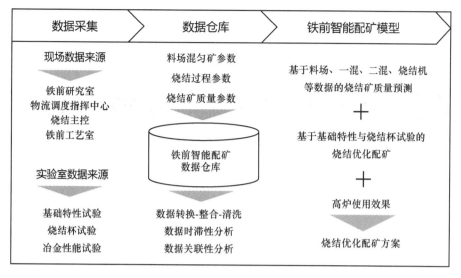

图 1　烧结智能配矿技术路线

矿烧结基础特性关系，并基于现场烧结原料条件与铁矿粉基础特性，开展不同配矿比例条件下烧结杯实验，并完成烧结杯成品矿转鼓强度、低温还原粉化性能、还原性等性能指标检测，将相关实验数据传输至烧结智能配矿数据库。（4）获取烧结智能配矿数据库提供的原料、工艺参数、性能、技术经济等数据，采用机理融合机器学习建立烧结矿化学成分预测模型，进而给出因果分析与关联分析协同的烧结矿化学成分预测结果，实现烧结矿成分高精度预测。（5）获取烧结智能配矿数据库提供的原料、工艺参数、性能、技术经济等数据，采用机理融合机器学习建立烧结矿冶金性能预测模型，进而给出因果分析与关联分析协同的烧结矿冶金性能预测结果，实现烧结矿冶金性能高精度预测。（6）根据烧结数据平台提供的各种原料配比、价格、能源消耗等数据，考虑物质量平衡与专家经验，基于大数据建立烧结生产成本预测模型，实现烧结生产成本的实时预测。（7）基于烧结矿化学成分预测、烧结矿冶金性能预测、烧结成本预测等模型，采用多目标优化算法，获取烧结优化配矿方案。（8）编制烧结智能优化配矿软件，以开源计算机语言及软件为基础开发数据库及智能模块，设计友好的人机交互界面，实现烧结智能配矿技术的现场应用。

烧结智能配矿软件烧结优化配矿部分界面如图2所示，模型于2023年12月上线，包括料场-烧结-烧结矿性能预测-吨烧成本预测实时数据显示、烧结矿性能-吨烧成本预测趋势、烧结优化配矿、原料-烧结-高炉历史数据查询、数据项手动录入等模块。烧结智能配矿模型分析了原燃料、工艺操作、烧结矿性能、铁前生产成本等铁前系统数据，共204个变量，1204万个数据。上线应用后，在预测误差4%时对烧结矿 TFe、二元碱度、镁铝比、转鼓强度、低温还原粉化率 $RDI_{+3.15\ mm}$、成品率、利用系数、软化

开始温度 T_{10}、陡升温度 T_s、滴落温度 T_d 及透气性特征值 S 的预测命中率达到 98%，实现通过现场铁矿粉使用条件、高炉冶炼烧结矿质量需求、近期烧结产线水平推送烧结优化配矿方案。

图 2　烧结智能配矿软件烧结优化配矿部分界面

模型上线运行后进行持续监控与优化，基于现场需求对界面功能进行进一步调整，优化软件人机交互功能，扩充软件数据查询与修改功能，提升现场用户体验。未来将根据现场硬件升级情况进一步调整烧结智能配矿数据库，持续增强烧结智能配矿软件的现场适应能力，降低铁前系统生产成本。

唐　珏

热风炉智能燃烧控制系统

1 热风炉智能燃烧控制系统概述

热风炉智能燃烧控制系统难点：

（1）常规控制系统一般固定空燃比，或由操作工调整空燃比。由于作为燃料的高炉煤气热值和压力波动，最佳空燃比需要实时寻优，难以保持烧炉整个周期的优化燃烧，造成煤气浪费。

（2）大管径空煤气流量难以准确计量，理论最佳空燃比和实际的空燃比难以准确对应。

（3）废气温度终点控制不准确，闷炉同样会造成煤气浪费。

（4）常规控制系统或者人工操作对 CO、SO_2 排放缺乏精确及时的控制措施，有时会造成环保超标。

热风炉智能燃烧控制系统目标：

（1）烧炉过程全自动，减轻工人劳动强度，岗位职责从烧炉操作变为设备监视和异常处理；

（2）煤气用量与原来持平或略低情况下提高风温，或保持原来风温不降低情况下减少煤气消耗；

（3）减少 CO、SO_2 等排放，减少环境污染，实现节能减排；

（4）边际效益：提高高炉利用系数和热风炉寿命。

2 热风炉智能燃烧控制系统原理

该系统采用 AI 模糊推理和自学习等技术，实现烧炉状态、外界波动动态判定以及烧炉控制策略选择，并通过空燃比快速寻优和流量优化控制，确保烧炉过程（包括强化燃烧期、蓄热期及减烧期）始终处于最佳配比燃烧状态。

2.1 燃烧控制决策

通过分析拱顶温度、废气温度等信息，识别不同的燃烧阶段并确定对应的燃烧控制策略，确保燃烧全过程的高效、稳定。

定义热风炉能效的综合评价指标，综合考虑供风时间、炉顶温度、废气温度、燃气消耗量等参数的权重，计算得出每次烧炉的综合能效，采用案例推理的方法，通过对历史数据的统计分析和自学习，自动修正下一炉次的工艺曲线。

采用了 LSTM 深度学习算法进行剩余供风时间预测及燃烧末期自动修正，从而提高过程控制质量，实现对热风炉燃烧全过程的优化控制。

2.2 空燃比优化控制

空燃比寻优贯穿整个燃烧过程，模型根据燃烧阶段、拱顶温度变化、阀门操作信息，实现空燃比快速寻优，保证拱顶温度快速上升或废气温度管理期燃烧控制。

空燃比在线优化策略包括基于模糊控制算法的废气氧含量控制和在线寻优模块。一方面，以残氧检测信号为依据，采用模糊控制算法，控制废气氧含量在 0.5% ~ 2%；另一方面，通过综合评价方法进行一定范围内的空燃比动态寻优。

本系统采用滑动窗口内顶温、废气温度、燃料、空气量值及其变化量为输入参数，建立燃烧效率综合评价指标，采用迭代比较的方法进行空燃比的在线寻优。

2.3 流量优化控制

流量优化控制主要功能包括：（1）克服燃气和空气调节过程的外界干扰因素（如管网压力波动等）的扰动而改善过程特性；（2）通过流量软测量技术，减少调节过程中的大幅度波动，保证燃烧中空气、煤气流量变化平稳。

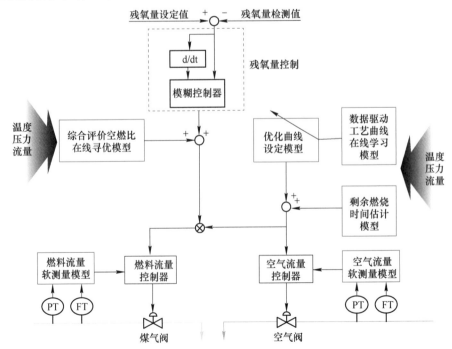

3 技术特点

（1）系统独立、功能清晰：系统自带工业 PLC，与现有热风炉 PLC 系统之间功能完全独立。PLC 系统保持现有换炉逻辑控制不变，本系统则负责自动烧炉状态下煤气、空气阀门调节量设定计算。

（2）技术先进、效果显著：采用 AI 模糊推理技术和自适应技术，实现燃烧状态和外界波动动态识别，通过空燃比快速寻优，确保系统始终处于最佳配比燃烧状态，即最佳烧炉状态。

（3）全流程自动烧炉：本系统自动获知烧炉信号后，即可根据烧炉目标（目标拱顶温度、目标废气温度和目标换炉周期）实现烧炉全过程的煤气阀和空气阀的自动调节，无需人工干预。

（4）异常应对、方便快捷：本系统可实现手动与自动的无扰切换。在紧急条件下，通过"控制权切换"操作，本系统随时可切换到手动控制模式，待异常解除后也可切换到自动控制模式。

（5）系统运行稳定可靠：采用拱顶温度、废气温度、煤气流量、空气流量、煤气压力等常规非易损量为输入量，具备烧炉状态判定准确、烧炉控制精确的特点，保证系统的长期稳定性和可靠性。

（6）远程系统运维支持。

4 系统架构

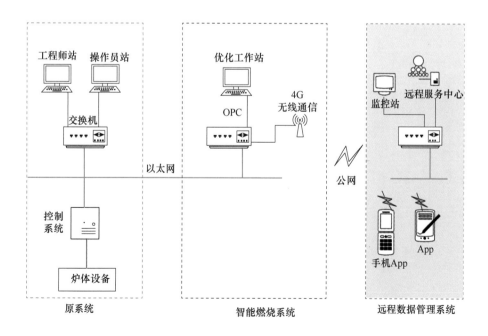

5 效益分析

（1）节能：在维持原有平均风温情况下，可节省煤气用量 2% 以上（或在保持煤气用量不增加情况下，可至少提高平均风温 6~10 ℃）；

（2）环保：实现空燃比的最优控制，减少污染物排放。

（3）直接效益：实现全自动优化烧炉，不需要操作人员调节空燃比，更不需要人工调节阀门，极大地降低工人劳动强度并提高安全生产水平；对 650~3200 m^3 的高炉，年产生节能降耗效益为 200 万~2000 万元。

（4）间接效益：由于平稳的烧炉控制，可以减少煤气管网压力波动，提高热风炉的寿命；同时由于空煤气基本随时处于最佳配比状态，煤气燃烧充分，减少 CO 和 CO_2 排放，更加有利于促进企业的节能环保和低碳经济。

（5）投资回收期<1 年。

杨英华

数据与机理融合的高炉炉缸活跃性评价预测与反馈

高炉炉缸活跃性是评价高炉工作状态的重要指标之一。实际生产过程中，高炉操作者所谓的炉缸"活"或者"不活"，主要是通过炉缸料柱的透气透液性以及渣铁的流动性来判断。因此，炉缸活跃性可以表征为液态渣铁流入炉缸，并能自炉缸内自由排出的顺畅程度。近年来，随着高炉冶炼的不断强化，炉缸活跃性问题日益引起高炉操作者的重视，但是对如何定量评价炉缸活跃性的相关研究较少。传统的炉缸活跃性评价模型以机理研究为主，如根据死料柱透液性和渣铁流动阻力评价炉缸活跃性，这类方法涉及参数在实际生产过程中不易测量，并且模型中的经验系数是固定的，导致工业应用效果不佳。大数据技术在高炉炉缸活跃性方面的应用尚少。为了能够量化表征炉缸活跃性，预知炉缸活跃性变化情况，达到维护并尽早恢复炉缸活跃性的目的，构建高炉炉缸活跃性评价、预测与反馈至关重要。

东北大学储满生教授团队融合高炉工艺与数据驱动建立了一种适应高炉炉况的炉缸活跃性评价方法，提出了炉缸活跃综合指数对高炉炉缸活跃性水平进行量化表征和评级，并从炉热水平和炉况吻合度两个方面验证了该方法的合理性；在此基础上，基于深度学习和集成学习建立了炉缸活跃性预测与反馈模型，实现了高炉炉缸活跃性的定量评价、提前 1 h 精准预测以及调整措施同步反馈。高炉炉缸活跃性模型已经在抚顺新钢铁 1 号高炉上成功实现了在线应用。

高炉炉缸活跃性评价预测与反馈模型框架如图 1 所示。（1）高炉生产数据收集与治理模块，针对高炉生产数据中存在的数据缺失问题、数据异常问题、数据频次不统一问题、数据高维度问题和时滞性问题，选取合适的数据预处理方法，实现高炉原燃料—高炉操作—炉缸活跃状态—渣铁产品全链条数据的清洗与整合，提高数据质量，为建立高炉炉缸活跃性模型提供数据支撑。（2）高炉炉缸活跃性量化评价模块，基于实际高炉生产过程数据，采用数据挖掘技术对国内外已应用的各种炉缸活跃性评价方法进行修正和集成，提出炉缸活跃性综合指数，建立适应高炉炉况的炉缸活跃性评价模型，量化表征炉缸活跃性水平。（3）高炉炉缸活跃性预测模块，以炉缸活跃性为目标，对炉缸活跃性与原料参数、操作参数、渣铁参数的时滞性和关联性进行分析，充分利用数据的时效性，并筛选出影响高炉炉缸活跃性的重要影响因素，基于深度学习，建立高炉炉缸活跃性预测模型，实现炉缸活跃性提前 1 h 精准预报。（4）高炉炉缸活跃性反馈模块，在高炉炉缸活跃性预测模型的基础上，融合高炉工艺设定炉缸活跃性反馈触发条件、反馈调整矩阵、反馈优化目标建立高炉炉缸活跃性反馈模型，通过对反馈方案的预测、评估及筛选，为稳定炉缸活跃性、保障高炉顺行反馈合理的、量化的高炉操作建议。

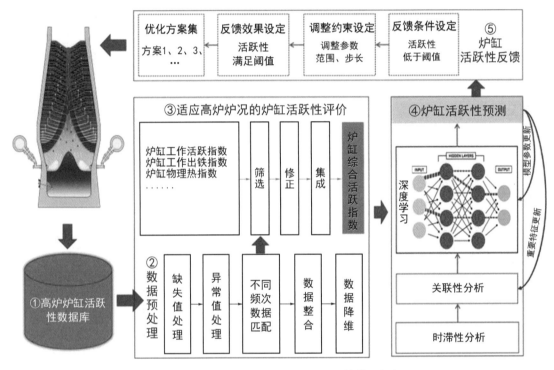

图 1　高炉炉缸活跃性评价预测与反馈模型框架

　　抚顺新钢铁 1 号高炉炉缸活跃性评价预测与反馈模型于 2023 年 6 月正式上线运行，包括炉缸活跃性评价预测可视化、日平均曲线、炉缸活跃性评级、操作建议反馈和异常播报 5 个模块（如图 2 所示）。抚顺新钢铁 1 号高炉炉缸活跃性模型分析了原燃料、工艺操作、冶炼状态和渣铁排放整个高炉工序的数据，共 271 个变量，15033 组数据。投用期间，实现了高炉炉缸活跃性的定量评价（得分评价与等级评价）；提前 1 h 预测炉缸活跃性变化趋势，炉缸活跃性指标在误差±5 min 内的 24 h 动态预测准确率高于 90%；当下一时刻炉缸活跃性分值低于预期阈值（高炉炉缸活跃性分值低于二级阈值 72.18）时，炉缸活跃性模型将从煤粉喷吹量、焦炭消耗量、富氧流量和热风压力四个方面为高炉操作者推送量化的调整措施，进而改善炉缸活跃性水平。反馈操作建议得到了高炉操作者的高度认可，在稳定炉况过程中发挥了重要作用，目前炉缸活跃性分值为 80.84，与应用前平均水平相比提升了 11.45%。

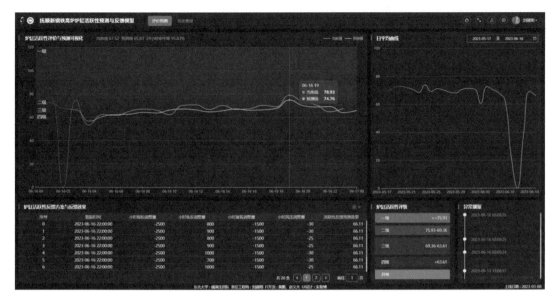

图 2　高炉炉缸活跃性评价预测与反馈模型应用（抚顺新钢铁 1 号高炉）

唐　珏

数据与机理融合的高炉炉热预测与反馈

在传统的高炉生产过程中，高炉操作人员通过观察铁水亮度、铁花形态和冷凝生铁样貌估计炉热水平，然后结合铁水测温的变化以及自身经验对炉热水平和炉况状态做出判断，但是其误差大小会因个人的经验而有所不同。另外，将铁水取样送至化验室分析铁水［Si］比较准确，但其结果需要半小时之后才能得出，降低了对高炉现场生产的参考性，导致经常不能及时发现铁水［Si］超标，也就无法及时调整操作参数以纠正炉热，从而造成损失。如果能准确预测炉热水平，并根据预测结果反馈操作建议以提前对高炉进行调整，这对稳定炉况顺行和提高经济效益具有重要意义。

高炉炉热预测与优化研究多以院校单位的学术研究为主，能在高炉产线实现在线应用的并不多。尽管高炉炉热预测与优化方面的研究很多，但仍有一些地方可以改进。例如，炉热指标选择不全面，多数炉温模型只关注铁水温度或铁水硅含量；炉热模型建模参数考虑不全面，多数炉热模型重点关注操作参数和状态参数，涉及的原燃料参数很少，甚至忽略了原燃料参数的影响，此类模型结果存疑；炉热模型只有预测功能没有反馈功能，炉热精准预测固然重要，但并不是最终目的，基于预测结果反馈合理的调剂手段进而稳定炉热水平才是炉温模型应用的价值体现。

东北大学储满生教授团队研发的高炉炉热智能预测与反馈模型（如图1所示），

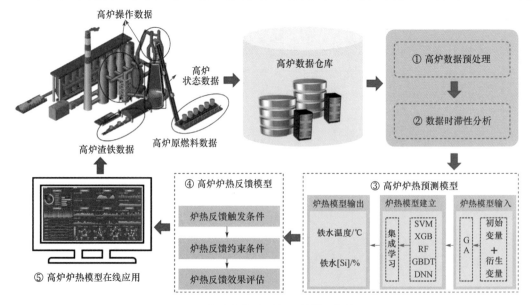

图 1　高炉炉热预测与反馈模型框架

全面治理并分析了高炉原燃料—操作制度—冶炼状态—渣铁排放全流程数据，从数据源头保证了炉热模型的可靠性；采用时滞性分析、关联规则挖掘、物料平衡与热平衡计算、数据驱动与工艺知识融合、模型自适应更新等技术，实现炉温指标提前 $1~3$ h 精准预测，保证了炉热模型的准确性；基于多目标反馈优化技术实现铁水温度、铁水 [Si] 含量的平衡优化，推送操作建议稳定炉温水平，保证了炉热模型的实用性。基于数据与机理融合的高炉炉热预测与反馈模型成功应用于抚顺新钢铁 1 号高炉（如图 2 所示）与梅山钢铁 5 号高炉（如图 3 所示）。

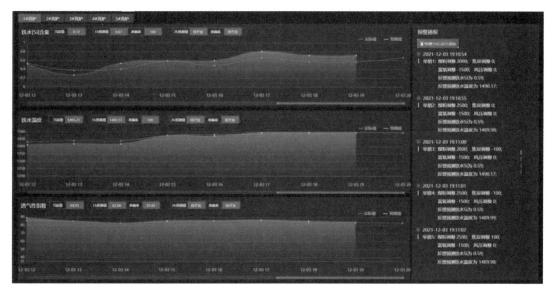

图 2　高炉炉热预测与反馈模型应用（抚顺新钢铁 1 号高炉）

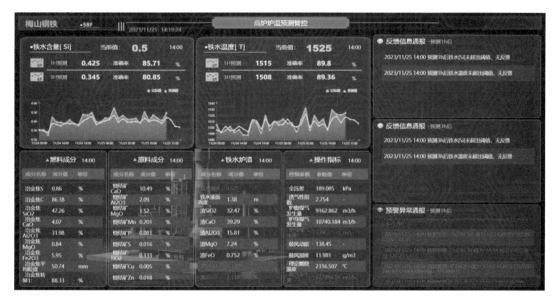

图 3　高炉炉热预测与反馈模型应用（梅山钢铁 5 号高炉）

抚顺新钢铁 1 号高炉炉热预测与反馈模型于 2021 年 12 月 7 日正式上线运行，包括炉热指标预测和操作建议反馈 2 个模块。抚顺新钢铁 1 号高炉炉热模型投用期间，实现了对未来 1 h 的铁水温度和铁水 [Si] 含量预测，铁水温度和铁水 [Si] 含量预测准确率长期稳定在 90% 以上。其中，铁水温度允许误差为 ±15 ℃，铁水 [Si] 含量允许误差为 ±0.1%；高炉炉热模型准确率为过去每 24 h 真实值与预测值动态准确率。并且当下一时刻炉热指标超出预期阈值（铁水 [Si] 含量低于 0.3% 或高于 0.6%，铁水温度低于 1470 ℃）时，炉热模型将从煤粉喷吹量、焦炭消耗量、富氧流量和热风压力 4 个方面为高炉操作者推送量化的调整措施，进而稳定高炉炉热水平。抚顺新钢铁 1 号高炉炉热模型应用期间炉温稳定率由 54.88% 提升至 84.89%，炉温稳定率提升了近 30%；按照降低焦比 1.12 kg 核算，年效益达到 1008 万元。

梅山钢铁 5 号高炉炉热预测与反馈模型于 2023 年 11 月 22 日正式上线运行，包括炉热指标趋势预测可视化、炉热模型输入参数监测、炉热操作建议推送和模型异常记录 4 部分。梅山钢铁 5 号高炉炉热模型投用期间，实现了对未来 1 ~ 3 h 的铁水温度和铁水 [Si] 含量变化趋势预测，铁水温度预测值与实测值允许误差范围为 ±10 ℃，铁水 [Si] 含量预测值与实测值允许误差范围为 ±0.05%。高炉炉热指标准确率为过去每 48 h 真实值与预测值动态准确率，其中，铁水温度和铁水 [Si] 含量提前 1 h 预测平均准确率分别为 85.71% 和 89.8%；铁水温度和铁水 [Si] 含量提前 2 h 预测平均准确率分别为 83.33% 和 87.44%；铁水温度和铁水 [Si] 含量提前 3 h 预测平均准确率分别为 80.85% 和 86.36%。并且当未来 1 h 和未来 3 h 炉热指标超出预期阈值（铁水 [Si] 含量低于 0.25% 或高于 0.55%，铁水温度低于 1480 ℃ 或高于 1530 ℃）时，炉热模型将从煤粉喷吹量、鼓风湿度、热风温度、焦炭负荷、富氧流量和冷风流量 6 个方面为高炉操作者推送量化的调整措施。应用期间，炉热模型反馈措施调整方向符合实际生产情况，为有效稳定高炉炉温水平提供了积极指导。

唐　珏

新型智能化高效烧结技术

在冶金行业中，烧结过程是高炉炼铁中不可或缺的一个重要环节。烧结工作状态是烧结生产过程中影响烧结矿质量、产量及成本的重要工艺因素，适宜、稳定的烧结工作状态是保证高炉获得优质烧结矿的关键所在。因此，提前精准预测烧结状态质量参数，给予现场操作人员充分的操作调整时间，评价烧结过程整体水平并反馈操作参数优化建议，是烧结操作人员的一致需求。

现有烧结智能化技术在国内外产线上的实际应用较少，包括宝钢的基于人工神经网络的烧结专家系统、首钢的 550 m² 烧结机整体智能闭环控制、鞍钢的烧结生产过程综合智能控制系统、日本川崎水岛厂诊断型烧结专家系统、芬兰罗德洛基烧结专家系统等，且现有烧结智能化技术以专家经验为主，现场数据应用不全面，对现场操作人员操作水平要求较高。本案例中的智能化高效烧结技术充分利用烧结过程全链条数据，各智能决策模块以现场生产数据信息为主的同时融合生产经验，在现场烧结操作方针框架内提升产线智能化水平，降低操作人员劳动强度，提升烧结产线稳定性，进一步发掘了钢铁企业节能降耗潜力。

东北大学储满生教授团队在调研现场烧结数据情况的基础上，针对烧结产线缺少实时数据驱动智能化预测与决策模型、烧结状态参数的预判对现场操作人员水平依赖性强、烧结产线人工调整幅度大且产线恢复时间长等问题，提出新型智能化高效烧结技术，利用大数据技术实现烧结数据高效处理，在海量的烧结数据资源上依据数据分析模型进行高速运算，构建系列智能分析模块，助力现场烧结产线的稳定。

案例技术路线如图1所示，内容包括：（1）烧结过程数据治理。采用数据处理技术，实现烧结原燃料—烧结工艺操作—烧结工作状态—烧结矿产质量全链条数据的自动清洗与整合。（2）烧结状态质量时滞性分析。基于时滞性分析算法，开展烧结状态质量关键参数与烧结原料操作参数间的时滞性分析，动态消除产线数据项时滞性影响。（3）烧结状态质量关联性分析。依托关联性分析算法与关联规则挖掘技术，开展烧结状态质量关键参数与烧结原料操作参数间的关联性分析，充分挖掘参数间关联关系，筛选重要的影响因素。（4）烧结状态质量综合评价。通过数据信息分析方法与现场专家经验充分结合，实现烧结过程状态质量自适应综合精准评价，以无监督学习进一步划分烧结过程状态质量等级，协助现场快速判断烧结产线水平。（5）烧结状态质量精准预测。基于深度学习结合烧结工艺建立具有自学习功能的烧结状态质量智能预测模型，实现烧结状态质量提前精准预测。（6）烧结状态质量反馈优化。基于烧结状态质量评价与预测，通过多目标优化算法反馈量化的烧结操作参数调整方案，实现烧结状态质量参数优化，指导烧结稳定生产。（7）新型智能化高效烧结软件开发。充分融合现场工程师需求与数据分析工程师技术，以开源计算机语言及软件为基础开发数据库及智能模块，设计友好的人机交互界面，实现新型智能化高效烧结技术的现场应用。

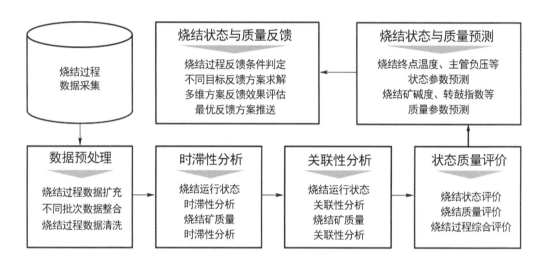

图 1　新型智能化高效烧结技术路线

模型于 2023 年 6 月上线调试，7 月正式上线运行，上线应用界面如图 2 所示，包括烧结重点参数预测可视化曲线、烧结重点参数命中率可视化曲线、烧结矿质量预测可视化曲线、操作建议反馈 4 个模块。模型分析了烧结原料、工艺操作、生产状态和烧结矿质量等 218 个参数，处理数据 14431 万个。投用期间，实现了烧结终点位置与终点温度的实时计算；实现了烧结状态质量综合实时定量评价；烧结终点温度、主管负压等烧结状态重点参数提前 20 min 预测，预测命中率高于 90%；在综合等级或烧结重点参数超出理想范围时，模型将从布料厚度、机速、混合料水分 3 个方面为烧结操作者推送量化的调整措施，进而改善烧结生产水平。模型相关功能得到烧结操作者的认可，应用后烧结工作状态稳定性提高，其中终点温度稳定性提高 7.33%，主管压力稳定性提高 13.97%，转鼓强度稳定性提高 14.71%，FeO 稳定性提高 5.00%，返矿率稳定性提高 0.68%；烧结欠烧和过烧减少，其中欠烧基本消除，过烧比例减少 11.79%。

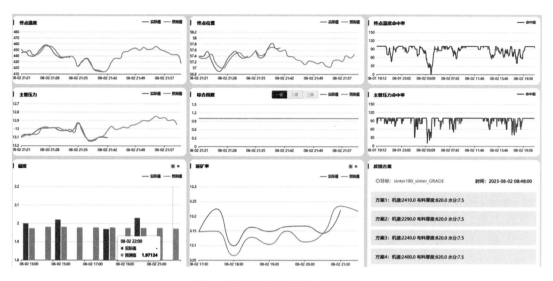

图 2 模型上线应用界面示意图

模型上线运行后进行持续监控与优化，对模型运行过程异常进行了分析与排除。同时基于现场生产需求，新增烧结过程异常原因分析，实时监控烧结过程状态质量关键参数，并基于烧结状态质量综合评价模块融合现场专家经验锚定烧结过程重点异常参数，实现烧结过程异常参数监控；采用数据信息分析与数据深度挖掘技术，针对同一配料条件下烧结过程数据与烧结过程异常参数开展根因分析，追溯烧结状态质量参数异常产生所相关的操作参数；未来将进一步攻关在原料条件差、配料变化频繁的条件下，融合现场专家经验追溯烧结状态质量参数异常原因并为现场调控提供基于现场数据信息的诊断方案。

唐　珏

炼钢区大模型系统案例

转炉全流程智慧炼钢系统
在河钢承钢现场的应用

　　随着时代的发展，转炉炼钢工艺转向自动化、模型化、智能化是大势所趋，可以完美解决传统炼钢工艺变量大、人工干预多、结果导向性差、生产稳定性低的问题。承钢板带事业部150 t转炉自2009年投产，初始具备副枪、滑板挡渣功能，依靠三级产销系统、华联数采系统支撑基本实现初步自动化冶炼，但随着炼钢技术的发展，尤其是炼钢自动化技术的发展，已不适应当前钢铁行业的大趋势。

　　东北大学RAL国家重点实验室在承钢现场调研后，与技术、管理人员进行多次交流论证，拟定在承钢板带事业部3号转炉进行系统升级改造，通过低投资完善现场基本装备，充分利用大数据、机器学习等算法整合最优操作模式，校企联合、共同开发符合承钢150 t转炉特有双联工艺特点、数据驱动架构的转炉全流程智慧炼钢系统。

　　在承钢各级管理、技术人员的大力配合下，转炉全流程智慧炼钢项目推进顺利。系统于2023年7月上线运行，自上线以来，全流程各个模块功能正常、运行稳定。该系统的投入大大降低了操作人员的劳动强度，实现了生产工艺和操作制度标准化，更加贴合一线操作者的操作习惯，获得现场操作人员和管理人员的一致好评，上线使用后取得了预期效果。

　　数据驱动的转炉全流程智慧炼钢系统（见图1）包括吹炼模块、复吹监测模块、造渣加料模块、副枪检测模块、脱氧合金化模块、出钢引导模块、钢包底吹模块、溅渣护炉模块等主要功能模块，以及数据记录、数据查询、操作评价等辅助性模块，涵盖转炉系统氧枪、加料、拉碳、副枪、复吹、脱氧合金化、出钢倾动、钢包底吹氩、溅渣护炉等主要操作环节，贯通转炉炼钢操作主流程，并兼具防错预警、成本监控等功能，将转炉"五大"工艺制度数据驱动模型与现场人工操作紧密结合，3号转炉实现了转炉工序全流程智能化控制。由于篇幅有限，此处只重点介绍个别主要模块。

1　承钢3号转炉装备情况

　　承钢板带事业部3号转炉配备副枪系统、滑板挡渣系统、下渣检测系统、音频化渣系统、烟气分析系统，具备智慧炼钢的基础硬件条件。

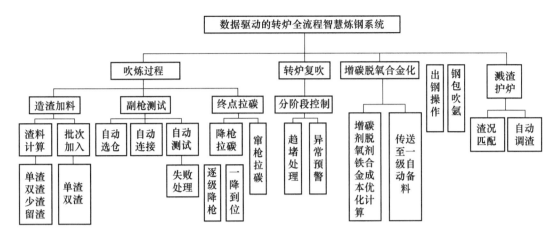

图1 数据驱动的转炉全流程智慧炼钢系统模块架构

1.1 工艺流程

板带事业部工艺流程为：铁水倒罐站—复合喷吹脱硫—150 t 提钒转炉—150 t 炼钢转炉—LF 精炼（RH 精炼）—板坯连铸。

1.2 品种结构

板带事业部主要产品包括含钒钛特色低合金高强钢、汽车钢、工具钢、耐候钢等500多个品种。事业部主要品种结构比例如图2所示。

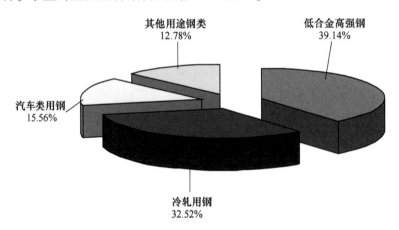

图2 品种结构比例

1.3 基本冶炼条件

板带事业部铁水基本条件见表1。

表1 铁水基本条件

元素含量/%								温度/ ℃
C	Si	Ti	Mn	P	S	V	Cr	
4. 27	0. 141	0. 097	0. 183	0. 122	0. 065	0. 225	0. 142	1320

2 智能化炼钢研究的实施过程

2.1 智能化吹炼控制

转炉智能吹炼控制系统基础模型涵盖装料计算、终点目标计算、熔池高度计算、加料计算、渣量计算、二次补吹计算、修正计算、动态碳温计算等内容，同时还包含氧平衡、渣平衡、铁平衡、热平衡等平衡计算。在转炉智能吹炼控制系统确定冶炼工艺并收到当炉铁水、钢种等外部条件后，吹炼基础计算模块、过程数据清洗模块和大数据分析模块会自动清洗学习，生成一组相对最优的枪位、流量、加料、副枪检测基础模型，并发送至智能吹炼控制模块，把该模型作为当前冶炼炉次的预设定模型。在吹炼过程中系统根据音频、烟气、火焰等参数在吹炼过程中变化来分析化渣情况，实现氧枪枪位动态调整，再结合副枪实现温度精确控制，从而实现转炉全炉吹炼的无人为干预智能化控制。图3所示为转炉智能吹炼系统主画面。

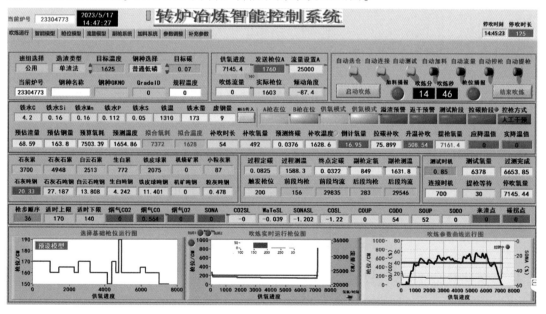

图3 转炉智能吹炼系统主画面

2.2 智能化造渣投料系统

炼钢辅料投料控制主要包含炼钢所需石灰、白云石、镁球等造渣料的投放控制，设计 3 种模式：第一种，根据入料条件精准物料的投放总量，分节点投入使用；第二种，根据系统自动筛选出的近似条件炉次的吹炼数据投入此炉次的实际操作中；第三种，根据以往大数据拟合出的模型数据进行加料。图 4 所示为造渣料计算主画面。

图 4　造渣料计算主画面

2.3 转炉数据清洗及自学习

针对转炉冶炼过程中出现意外情况，干扰着各类控制的数据进行积累，需进行清洗筛选，筛分出不合理数据，并对其进行汇总分类，保证用于指导生产的大数据的纯净性，并针对性地对异常情况进行分析消缺。图 5 所示为数据清洗及自学习系统主画面。

转炉过程数据清洗系统　当前炉号 223713　炉隔 1　结果预测 强制　数据筛选 强制　数据清洗 强制　运行状态 完成请求　处理状态 完成导入　223712 223712 223157

氧耗拟合	石灰拟合	石灰石拟合	轻烧拟合	白云石拟合	铁矿石拟合	终温拟合	氧耗偶合	终温偶合	石灰	石灰入	石灰石入	白云入	轻烧入	铁矿入
12607.1	6930.36	0	4971	3035	347	1679	13865	NaN						

铁水Cx	铁水Six	铁水Mnx	铁水Px	铁水Sx	铁水量x	废钢x	铁水C限制	铁水Si限制	铁水P限制	铁水S限制	铁量限制	废钢限制	石灰限制	石灰石限制	轻烧限制	铁矿石限制
4.5	0.35	0.18	0.111	0.003	1317	245	35	0.3	0.1	0.02	0.02	40	300	5	500	500

炉号	铁水C	铁水Si	铁水Mn	铁水P	铁水S	铁温	铁量	废钢	氧耗	枪位	流量	石灰	石灰石	白云石	铁矿石	轻烧	终点定C	副枪定O	副枪测温
223704	4.437	0.253	0.17	0.104	0.004	1320	256.7	36.22	13626	320	49563	7555	1900	3452	0	3011	0.057	501	1675
223688	4.518	0.338	0.177	0.106	0.002	1354	253.7	33.9	12997	308	48951	7591	1962	4242	347	2006	0.076	378	1679
223676	4.344	0.281	0.177	0.103	0.003	1356	253.9	31.44	13132	307	49226	7551	2024	3049	0	2006	0.059	484	1677
223670	4.395	0.328	0.178	0.109	0.002	1353	257.1	30.89	12942	327	48087	7164	4068	3035	0	2001	0.083	347	1681
223623	4.366	0.325	0.161	0.104	0.004	1300	251.7	35.68	12673	318	48481	7532	2019	4973	650	2001	0.056	512	1679
223619	4.492	0.381	0.158	0.122	0.005	1300	203.8	31.4	12610	315	48755	9003	0	3533	238	2003	0.072	399	1673
223608	4.474	0.278	0.153	0.13	0.004	1314	251.3	39.71	13230	327	47987	9135	308	1521	276	2161	0.072	398	1679
223595	4.265	0.402	0.161	0.13	0.003	1344	258.5	36.02	14027	308	50234	12779	0	3486	0	2506	0	0	1681
223546	4.404	0.401	0.165	0.118	0.005	1300	252.9	35.64	13038	311	49763	7497	3002	4283	0	0	0.091	316	1681
223343	4.5	0.329	0.13	0.095	0.003	1331	252.5	30.92	12921	299	50039	7707	0	2551	888	4987	0	0	1674

图 5　数据清洗及自学习系统主画面

2.4 最优化智能合金投入控制

150 t 转炉有 8 个合金仓、上百种冶炼钢种，合金配比方式繁杂。设计模型根据提前预设的钢种成分、合金成分、合金价格以上述各类模型控制的吹炼数据，每个钢种模拟出 10 种配比方式，系统会自动读取成本最低的一种，由操作人员确认后直接将数据一键投放到一级上进行合金化使用，也可根据实际物料储备量手动选择其余模式使用。图 6 所示为合金化优选系统主画面示意图。

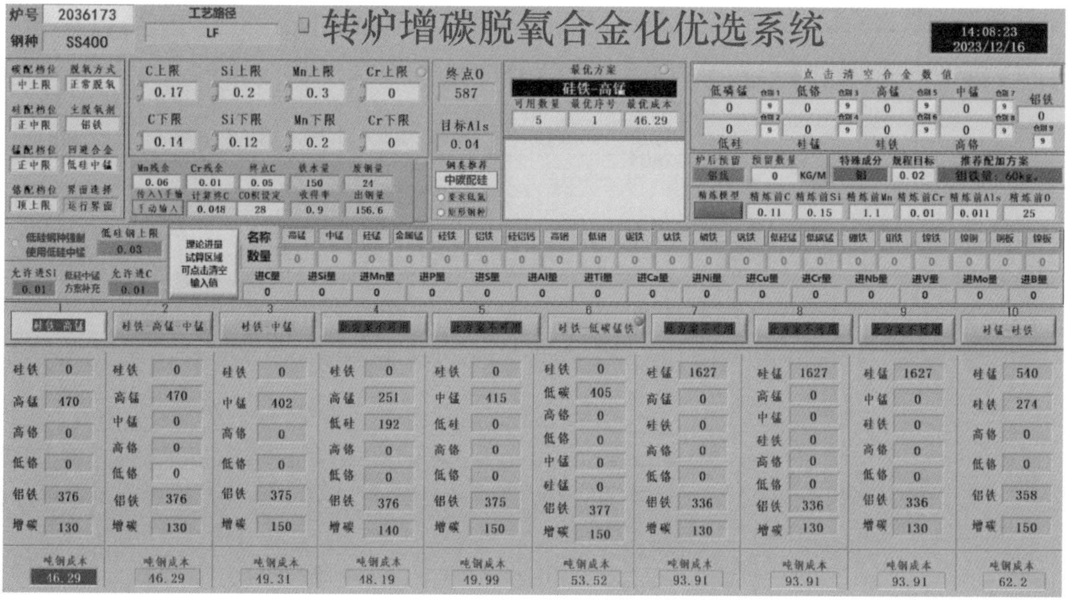

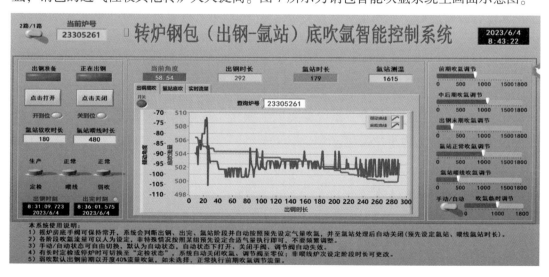

图 6 增碳脱氧合金化优选系统主画面示意图

2.5 钢包吹氩自动化控制

钢包吹氩自动化控制系统为转炉出钢至炉后氩站过程的自动钢包底吹氩流程，可实现出钢至氩站工位全过程钢包底吹氩动作无人为完成，系统自动判断流程进程，实现吹氩系统自动调整吹氩强度、管路自动闭合，无需人工干预。该系统上线后由于实现了标准化吹氩，钢包的透气性较其他转炉大大提高。图 7 所示为钢包智能吹氩系统主画面示意图。

图 7 钢包智能吹氩系统主画面示意图

2.6 溅渣模型智能化控制

通过预留人工控制窗口，实现将溅渣经验智能化、标准化，达到更好维护炉衬效果，根据吹炼终点氧化性、炉龄及留渣量计算出最优的溅渣枪位及渣料配比，进一步提高溅渣的精准度和维护效果。图8所示为智能溅渣系统主画面示意图。

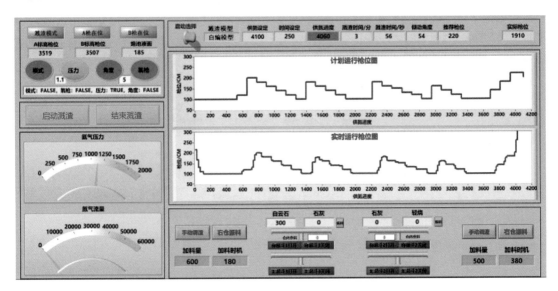

图8 智能溅渣系统主画面示意图

2.7 转炉重要参数预防纠错

针对目前转炉控制过程各项异常参数操作人员不能及时兼顾问题，智慧炼钢系统在整体模块中增加了关键参数的预警防错模块，对各种物料及关键数据的异常情况给予声光语音报警提醒，如当前炉次活性灰、石灰、菱镁石等散装料的单次振料重量，氧枪枪位的变化情况，终点氧含量及终点温度情况，出钢过程的转炉角度实时提醒，底吹供气系统的气体种类及流量情况，合金系统的振料数量和振料种类，各种料仓的开关情况，各电气系统的送电情况等，操作工无需画面确认即可知道实时参数，防止误操作、误振料。同时利用声音系统提醒其他操作工或炉长同时注意，预防因个人操作失误造成的各种人为事故发生。

3 智慧炼钢实施效果

基于烟气分析、音频化渣、火焰监测等综合应用技术、采用数据驱动模式的转炉全流程智慧炼钢系统在承钢的成功应用，实现转炉流程从"经验操作"到"智能控制"的改变，且各项关键工艺指标均有显著改善，实际应用效果较好。转炉冶炼周期、散装料消耗、钢种炼成率等关键工艺指标均有明显提升。表 2 是转炉全流程智慧炼钢系统投入前后转炉生产指标的对比情况。

表 2　智慧炼钢系统投入前后生产指标对比

序号	各项指标	使用前	使用后	序号	各项指标	使用前	使用后
1	冶炼周期/min·炉$^{-1}$	34	32	5	钢包透气率/%	94.5	99.2
2	钢铁料消耗/kg·t^{-1}	1061	1050	6	精炼石灰/kg·t^{-1}	6.9	6.3
3	石灰/kg·t^{-1}	25.5	23.1	7	转炉煤气回收/m^3·t^{-1}	112	118
4	钢水合格率/%	99.5	100	8	供氧强度（标态）/m^3·(t·min)$^{-1}$	3.3	3.7

实施效果评价：

（1）根据对比指标提升前后的经济效益，该系统实现了将最优操作标准化、最优指标常态化的目的，也进一步激发了拓展该研究的动力，奠定了后续深开发的基础。东北大学将进一步和承钢做好系统优化工作，为现场操作者带来更大的便利。

（2）数据的准确、及时地采集和处理是智能化炼钢的基础。在此研究项目的基础上，本研究后续将针对生产过程中涉及的各种介质、物料的数据和设备的状态信号，包括钢水加入量、副原料合金料加入量、氧气吹入量、废钢加入量、钢水铁水温度等信息进一步根据预留窗口进行优化，进一步拓展该系统的功能外延。

（3）进一步对设备状态如倾动角度、氧枪位置高度、钢包车位置、各种阀门状态等各种工业数据进行跟踪优化，实现所有金属流称重（天车、平车）精度达到±0.5 t 偏差，通过优化传感器、调节横梁位置、定期联合校正；实现合金、辅料称量精度偏差达到3‰以内；提高现场设备维护能力，实现转炉经济技术指标得到进一步提升。

刘书超　宋慧强

钢铁冶金电弧炉智能控制系统

1 技术背景

电弧炉炼钢可以消纳废钢，是一种铁资源回收再利用过程，也是一种处理污染的环保技术。随着废钢的不断增加，环境、资源和能源等方面日益苛刻的要求，使得尽可能多地利用废钢成为国际趋势。电弧炉越来越多地应用于冶金行业，是炼钢生产的主要设备之一。本着节能、高效的原则，我们开发了电弧炉成套智能控制系统，实现电弧炉炼钢的绿色化与智能化。

2 关键技术

钢铁冶金电弧炉智能控制系统的核心技术、知识产权如图1和图2所示。

（1）供电制度优化技术，实现电弧炉冶炼过程供电制度的最佳设定。供电曲线是指在整个冶炼过程中施加到炉内的电功率曲线，包括最合理的电压档位和最佳电弧电流。

（2）钢水温度预报技术，实现钢水温度的控制。从能量平衡的角度出发，建立基于 ELM 的钢水温度预报智能模型。

（3）冶炼进程判断模型，综合多个与冶炼进程相关的能量输入比、电耗、电弧电压谐波、冶炼时间等特征参数进行判断，给出准确的冶炼阶段划分，从而实现各优化模型的准确应用。

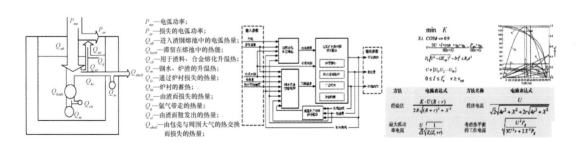

图 1　核心技术示意图

图 2　知识产权示意图

（4）合金加料优化，在钢水中的合金成分满足钢种要求的前提下，建立以合金物料成本最低为目标的最优配料模型。

（5）智能复合电极控制器，针对炼钢电弧炉电极调节系统的参数时变及三相间相互影响等特点，设计一种智能复合电极控制方案，主要包括电极自适应调节算法、模糊参数自整定方法、自动起弧与冶炼进程补偿控制算法、过电流与短路保护控制算法、比例阀补偿算法。

3　业绩效果

本研发技术经过多年研究与实践，在电弧炉电极控制策略、过程工艺模型上形成了自主知识产权。研究成果已成功应用于宝武集团、山东钢铁集团、东北特钢集团等33 个钢铁企业的 65 台电弧炉。电弧炉成套智能控制策略可以推广到 LF 精炼炉，已在山东钢铁集团、本溪钢铁集团等 20 多个钢铁企业的 32 台 LF 精炼炉应用。

（1）南通宝钢钢铁有限公司 100 t 电弧炉项目。南通宝钢钢铁有限公司 100 t 电弧炉控制系统采用全球招标，东北大学因技术过硬、高质、高性价比中标。由于采用先进智能控制技术和优化控制技术，实现快速废钢熔化，使冶炼周期大大缩短，至 35～45 min，与同容量转炉冶炼周期相当，可满足高效连铸多炉连浇的节奏要求。吨钢电耗达到 380～420 kW·h/t。现场部分图片如图 3 所示。

（2）莱芜钢铁集团 140 t LF 精炼炉项目。2010 年莱芜钢铁集团公司银山型钢有限公司炼钢厂，新建一台 140 t LF 钢包精炼炉，对转炉钢水进行炉外精炼。LF 精炼炉具有对钢水进行升温、调温、脱氧、脱硫，成分微调，吹氩搅拌优化控制功能，能达到精

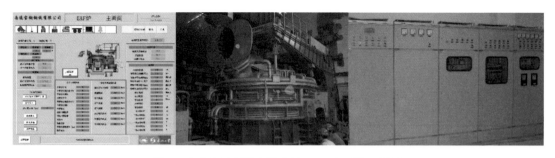

图 3　南通宝钢钢铁有限公司 100 t 电弧炉现场图

确控制钢水温度及成分，并使其均匀化，达到去除钢液中的夹杂物、降低气体含量、脱硫等目的。处理钢水量 140 t，钢水升温速率≥4.5 ℃/min。电极消耗≤10 g/(kW·h)，精炼电耗≤0.6 kW·h/(t·℃)。现场部分图片如图 4 所示。

图 4　莱芜钢铁集团 140 t LF 精炼炉现场图

袁　平

炼钢过程钢水温度工艺跟踪技术

1 项目背景

连铸钢水过热度是衡量成品钢水质量的核心指标，过热度的不稳定会产生一系列的质量问题，过热度的稳定控制是决定炼钢产品质量和安全稳定生产的关键所在。稳定的过热度控制有赖于对炼钢全过程的工艺温度制度的优化，能够及时准确地应对钢水盛储容器蓄热状态的波动、生产工艺条件的变化，制定科学合理的工艺温度制度。

2 技术方案

本项目旨在从"炼—铸整个流程"的角度对炼钢工艺温度进行管控分析，通过全流程工艺温度信息跟踪、智能建模、综合优化等手段，对不同钢种、不同温度与成分条件、不同生产节奏等多种工艺条件下的全流程钢水温度演变规律进行智能感知预测，反向优化制定最佳的流程工艺稳定路径，按"炉次"进行连铸钢水过热度的在线优化调控。

2.1 全流程生产信息跟踪

通过生产流程跟踪，随时获取钢水冶炼过程的物料数据、操作数据、检化验数据等生产过程信息，生成时间上精确匹配的完整的生产信息，以实现对钢水整个冶炼周期的跟踪和监控，并将生产信息收集存储后快速地传递到信息整合系统，形成可按时间、炉次、浇次、包次等多个维度进行检索查询匹配的生产过程信息，为工艺分析、过程模型开发、质量问题追溯等提供直接可用的信息。总体思路如图1所示。

流程的信息跟踪分为工序级和流程级两个层级，工序级完成 LF、RH、连铸等各个生产单元的炉次信息跟踪，实际运行界面如图 2 所示；流程级信息跟踪是在工序级信息基础上，对炉次进行串联匹配，形成炼钢—连铸整条线的完整信息流，实际运行界面如图 3 所示。

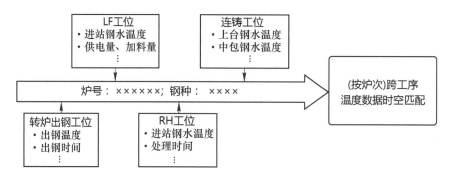

图 1　全流程生产信息跟踪总体思路

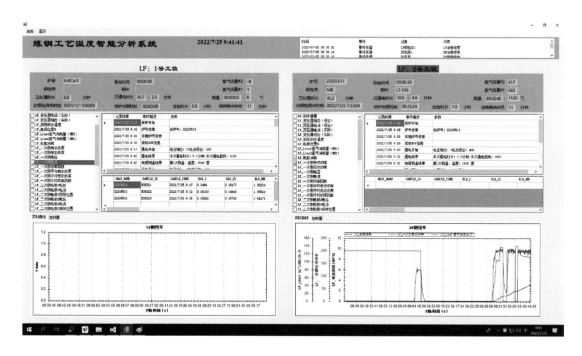

图 2　工序级跟踪界面示意图

2.2　全流程工艺温度优化管控

基于钢包传热建模、精炼过程钢水温度建模、浇注过程钢水温度建模等，对 LF—RH—连铸全流程的钢水温度进行实时在线跟踪，结合优化算法与钢种目标过热度控制规范，对全流程关键工艺温度点进行优化整定与过程监控。

2.2.1　全流程钢包蓄热跟踪模型

基于三维非稳态传热方程建立了钢包热模型，对钢包热状态进行全过程跟踪。为

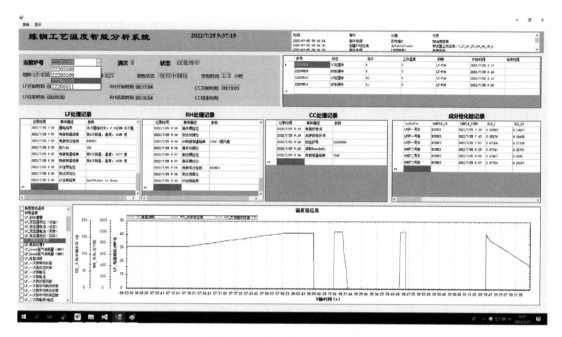

图 3　流程级跟踪界面示意图

提高踪精度，利用各个工序的点测温度，对钢包热状态模型进行参数校正。钢包热状态跟踪关键温度点如图 4 所示。

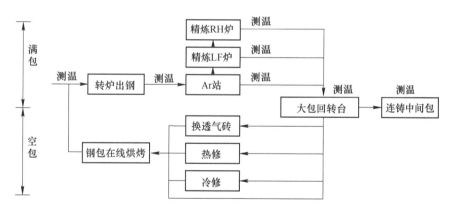

图 4　钢包热状态跟踪关键温度点

2.2.2　全流程大包钢水温度监控模型

以钢包热模型为基础，对大包内钢水温度的变化规律进行建模，实现 LF—RH—连铸全流程的大包钢水温度全时跟踪，支撑后续的工艺温度优化，如图 5 所示。

采用"热电偶实测+模型预测"软测量技术，对全流程工艺温度的实时变化进行跟踪，其跟踪监测效果如图 6 所示。

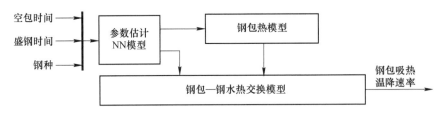

图 5　大包钢水温度模型建模

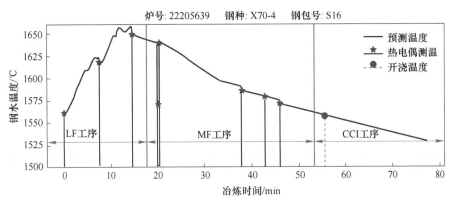

图 6　全流程工艺温度跟踪

2.2.3　中间包钢水温度监控模型

连铸中间包作为连铸过程中承接钢包钢水，并将其平稳输送至结晶器的中间过渡容器，其传热特性对于钢水连铸过热度具有重要影响，针对不同工艺条件下的中间热流特性进行了建模分析，如图 7 所示。

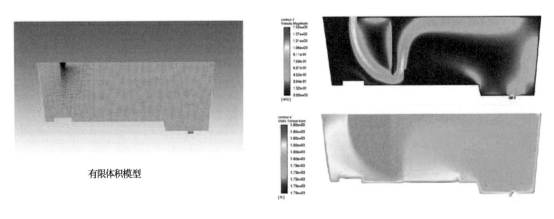

图 7　中间包钢水温度建模示意图

（1）中间包钢水温度主要受大包钢水温度、中间包初始温度影响。前者取决于 LF 出站温度；后者取决于中间包烘烤情况和已使用时长。

（2）钢水在中间包停留时长较短，且中间包包壁材料具有良好隔热性能，因此从进入中间包到流出中间包的温降较小。

2.2.4 工艺温度优化模型

工艺温度优化模型建立了不同上台温度、不同浇注工艺制度下中间包内钢水浇注温度的变化规律，从而反向制定不同条件下的最佳上台温度及浇注过程最佳过热度制度，并与实际浇注过程过热度进行在线比对评判，如图8所示。

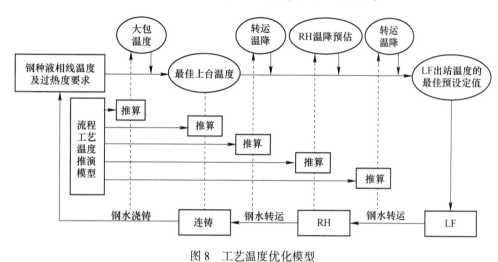

图8　工艺温度优化模型

3　应用效果

本系统已在现场投用3个月，通过该系统的在线跟踪运行，实现了全流程工艺温度跟踪监控，指导现场的过热度控制。对现场2个月的数据进行了统计分析，基于模型推荐的工艺折算出的过热度命中率为88.3%，相对于现场86.4%的现有命中率指标，提升约2%，后续随着数据的积累、模型的更新，期望将命中率提升至90%以上。

梅国晖

智能化废钢分类与废钢斗号识别

　　转炉炼钢是一种主要用于生产钢材的冶炼工艺，通过在转炉中加入废钢，可以带来显著经济和环境效益。故废钢的分级对于提高资源利用效率、降低生产成本、提高产品质量以及实现环境友好的生产过程都具有重要的意义。废钢的种类和形状非常多样化，包括不同种类的钢材、尺寸、形状和表面状况，考虑不同废钢的特性来进行准确地识别和分类是一个挑战。废钢斗号因为生产现场环境光线、灰尘等因素干扰而变得不规则或模糊，增加了识别难度。新一代一键智能炼钢系统的开发，包含一系列自动化技术、智能方法的实现和集成应用。具体包括自动识别铁水罐号、自动识别废钢斗号、自动关联铁水废钢条件、基于机器视觉的废钢分类、二级模型自动计算加料种类及重量、自动加料（形成包括振料和下料的批次加料方案，并联结一级系统）、在线炉口火焰分析（碳含量、温度）、自动控枪吹氧、自动溅渣护炉、自动扒渣、下渣检测及自动出钢等环节的实现。其中，自动识别废钢斗号与基于机器视觉的废钢分类是一键智能炼钢的重要环节，用以实现废钢精准入炉的过程，如图 1 所示。

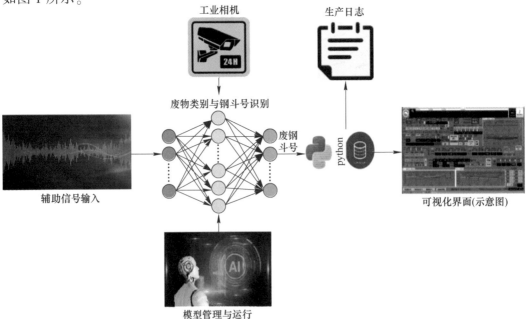

图 1　基于机器视觉的智能化废钢分类与废钢斗号识别系统

智能化废钢分级与废钢斗号识别研究成果已在河钢股份有限公司应用。通过装槽废钢类别与重量智能识别系统，实现废钢分类定位、废钢吊运天车自动识别与匹配、重量智能读取，废钢斗号识别与系统智能关联，为转炉智能控制提供入炉废钢信息。建立转炉炼钢智能控制数据采集系统，将来自传感器、PLC、MES、ERP、数据库等的转炉吹炼终点智能控制需要的数据采集到转炉炼钢智能控制系统中，用于转炉吹炼终点建模、转炉智能控制。现场废钢间已把废钢按照类别存放在相应的区域。通过开发装槽废钢类别与重量智能识别系统，在废钢间安装工业相机，实时获取废钢、吊运天车、废钢料斗等监测对象的实时图像，通过机器视觉检测及深度学习方法，达到废钢类别、废钢吊运天车自动识别与匹配、重量智能读取，废钢斗号识别与智能关联，实现装槽废钢类别与重量的智能跟踪和识别，以废钢斗号为主键存储到数据库中。目前，废钢斗号识别结果准确率在98%以上，装槽废钢种类识别准确率高于99%，如图2所示。

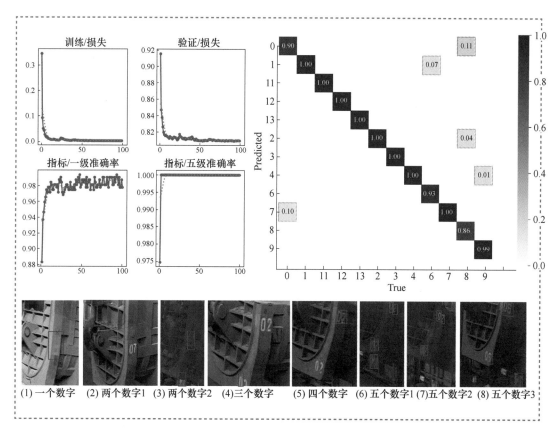

(1)一个数字　(2)两个数字1　(3)两个数字2　(4)三个数字　(5)四个数字　(6)五个数字1 (7)五个数字2 (8)五个数字3

图2　智能化废钢分类与废钢斗号识别实施效果

孟红记

连铸区炼钢区
大模型系统案例

基于深度感知的连铸智能优化控制系统

1 应用需求

随着钢铁工业的发展，连铸生产设备日趋精良，工艺管理与控制日趋精细化、智能化。但如何高效高质地生产出合格的连铸产品，特别是具有高附加值的品种钢和优特钢，仍一直是钢铁企业普遍面临的难题，同时也是一项系统工程。顺应大工业生产数字化趋势，东北大学谢植团队二十年来一直致力于连铸智能化、数字化的系统工作，如图1所示。相应的技术支持主要来自3个方面，即参数检测、工艺模型与优化控制。其中：参数检测是信息的最原始来源，必须提供真实可靠的基础数据；工艺模型是优化控制的核心，通过检测信息的加工处理、融合、结合过程机理等获得一些通常难以直接获取的关键信息，如铸坯内部液芯状态、质量指标等；优化控制则是综合检测和模型信息来调整设备工作状态、改善工艺条件而最终提高和稳定铸坯质量。三者共同

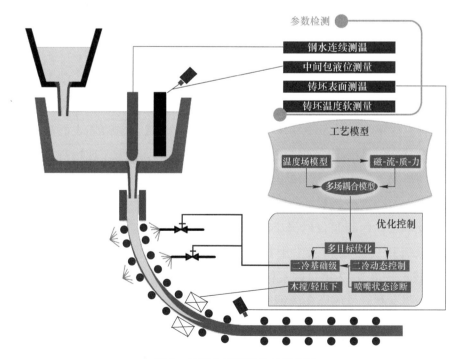

图1 连铸生产智能化总体方案

为高效高质生产提供保障。需要特别说明的是，连铸由于低倍、成分分析等结果检测手段的有限性和实际成本控制，样本十分欠缺，很难实施传统意义上的工艺（输入）-质量（输出）大数据分析，这也是我们选择以富信息少量样本、融合物理机理的深度感知方式进行连铸智能化研究的重要原因。

2 技术内容

2.1 参数检测

2.1.1 中间包塞棒连续测温技术

中间包塞棒连续测温技术针对中间包水口处进行测温。该处更接近结晶器弯月面，相对中间包内其他位置对连铸凝固控制更具指导意义，其温度更直接地反映了钢水从中间包流出进入结晶器的初始温度，为过热度控制、拉速调节和二冷前馈控制提供准确及时的依据。其主要难点在于钢水流速快、冲刷侵蚀剧烈、对传感器材质要求高、测温空间狭小要求传感器尺寸设计较小等。因此接触钢水的传感器部分采用薄壁的金属陶瓷传感器，提高了测温响应速度及抗热震能力，响应时间 1~3 min，测温精度不大于 ±3 ℃，平均使用寿命不小于 24 h。塞棒测温技术还有助于监测每一流钢水温度，为单独控制每一流可靠浇注奠定基础；特别是对边流温度的监测可以为钢厂降低过热度、节能增效提供依据，促进钢厂过热度降低 3~5 ℃及以上，经济效益十分显著。

2.1.2 二冷外铸坯表面温度测量及校准

铸坯表面温度是凝固传热状态的重要表征。但由于受铸坯表面随机分布氧化铁皮、不同钢种发射率不一致及现场灰尘等恶劣环境的干扰，使铸坯表面温度场在线稳定、准确测量至今仍是冶金检测领域未能得到解决的一项难题。现场观测表明，在工艺基本不变的情况下，一般红外单点测温的波动能够达到 ±(50~100)℃，无法实际参考，更无法投入二冷水控制系统使用。而我们采用铸坯表面专用 CCD 测温仪、铸坯凝固传热模型及单点比色测温仪的异类多源信息融合的铸坯表面温度场在线测量方法，可以有效克服氧化皮影响和灰尘干扰，测温稳定性达到 ±5 ℃，其测温范围 800~1200 ℃。该技术获得 2012 年日内瓦国际技术发明金奖，获中国大陆、中国台湾、俄罗斯、美国发明专利，目前已在南钢等 4 家钢厂应用。

2.1.3 基于高精度三维非稳态模型的二冷内铸坯表面温度软测量

相比二冷外铸坯表面测温，二冷内铸坯表面测温具有更大的挑战性和难度，同时还需要克服水雾、水层对光路的影响，目前尚无成熟的纯硬件检测方案，我们在现场进行的多次试验方案也并未取得明显进展，因此基于在线凝固传热机理模型进行软测量目前仍是获得二冷内铸坯表面温度信息的主要途径。软测量模型输入钢种、断面、浇注温度、拉速、水量等信息，输出铸坯温度场信息，并提取关键位置二冷内各段末铸坯表面温度。软测量模型采用二冷内射钉和二冷外铸坯表面测温相结合进行校正或者采用基于主动激励+频谱特征分析的在线校正方法（已申请国家发明专利），保证模型参数的可靠性并能实际应用。我们的研究表明，三维模型相比二维模型在稳态浇注阶段并无明显差异，即在中间浇注阶段可以采用计算量较小的二维模型；但是在开浇和尾浇阶段则存在较大偏差，特别是对应的头部和尾部，因此这些阶段需要特别考虑采用三维模型进行计算，以获得较为准确的温度和凝固液芯的信息。

2.1.4　液芯软测量技术

液芯的软测量同样采用在线凝固传热模型作为核心，是电磁搅拌、轻压下工艺优化控制的基础。液芯软测量以中间包连续测温信号、拉速、水量等信息作为输入，输出液芯长度、液芯半径等关键参数，为调节电磁搅拌电流，确定轻压下区间、压下量等提供关键依据。

2.1.5　中间包钢水液位及渣层厚度的测量与控制

中间包钢水液位及渣层厚度的可靠测量一直是困扰连铸生产的检测难题。中间包钢水液位及渣层厚度的检测与控制有利于：（1）提高连铸生产效率，降低生产故障及事故率；（2）提高结晶器钢水液位控制的稳定性，保证铸坯质量；（3）提高洁净钢、品种钢的钢水洁净度及产品品质；（4）提高钢水收得率。根据中间包钢水和覆盖层存在温度梯度分层的冶金工艺特点，提出利用温度梯度区分钢水和覆盖层的测量原理，通过激光测量覆盖层上表面高度，通过温度梯度提取确定渣层厚度。该技术测量钢水液位 0~1200 mm，渣层厚度 0~300 mm，测量误差不大于±7 mm。技术获中国大陆、中国台湾、韩国、俄罗斯、美国专利。

2.2　工艺模型

2.2.1　磁-流-热-质-力五场耦合模型

建立连铸工艺-质量之间的定量关系是进行连铸工艺优化控制的基础。连铸的本质是凝固，凝固质量是多物理场耦合作用的结果，如图 2 所示。磁-流-热-质-力五场耦合模型的建立与求解，为定量化描述工艺-质量关系奠定基础，特别是为品种钢高质高效生产窄工艺窗口的确定提供基础，突破传统上仅依赖生产经验与冶金准则，需要大量试验，费时费力、成本高昂的瓶颈。通过高清晰低倍枝晶腐蚀、原位分析等多种非传统检测手段为模型的准确性提供保障。

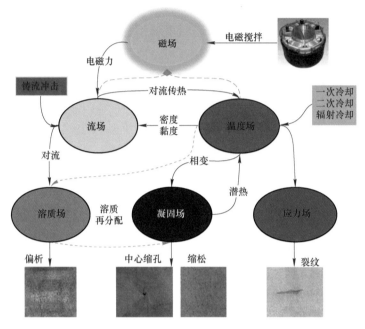

图 2　连铸磁-流-热-质-力五场耦合机理

2.2.2　多尺度耦合的凝固组织模型

凝固组织是表明铸坯质量的微观表现，一般希望获得中心较细和较多的等轴晶结构，从而获得较好的力学表现。微观凝固组织模型为优化控制凝固组织提供基础。目前我们只能做到温度场与微观凝固的耦合模拟，同时是在介观层次模拟（10～100μm），但是也观察到凝固组织分布的基本形态并根据实际枝晶腐蚀结果进行了一系列修正，使得模型开始具备一定的参考价值。同时基于高性能计算架构大大提高了模型的计算速度（从28.3 h减小到5.23 min）。目前流动影响条件下的多尺度耦合凝固组织模型仍在开发。

2.2.3　在线凝固传热模型

在线凝固传热模型是二冷内铸坯表面温度软测量及液芯软测量的核心模型，是连铸动态控制的基础。由于模型计算量大、计算条件复杂，因此面临的突出问题是模型的实时性和准确性。首先，通过非均匀变网格变时间步长的实时算法提高模型实时性，满足多流在线计算，其中多流计算通过并行多线程技术实现，计算时间不大于1.2 s（二冷控制周期为5 s）；其次，基于改进铁碳伪二元相图计算热物性参数，基于热态实验和 Tikhonov 正则化反算求解二冷换热系数，采用射钉和表面测温相结合进行模型校正保证模型的准确性，在线跟踪铸坯表面测温偏差不大于±7 ℃。

2.3　优化控制及系统集成

优化控制系统如图 3 所示。

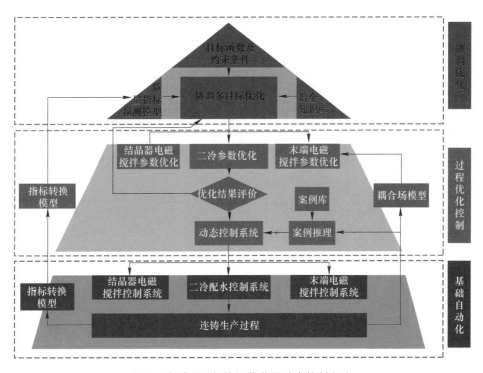

图 3　多质量目标协调优化及动态控制方法

2.3.1　连铸多工艺多质量目标的协调优化

基于五场耦合凝固模型建立质量指标模型及优化目标函数，根据钢种质量要求确定各质量指标权重系数，结合冶金准则约束条件，进行二冷等工艺优化，使得钢种铸坯综合质量得到提高。冷优化针对稳态生产条件通过优化二冷强度和水量分布改善铸坯温度分布、应力状态和凝固条件，从而减少连铸坯裂纹、偏析等质量缺陷，提高铸坯质量。二冷优化一方面从根本上提高铸坯质量水平，另一方面为二冷的动态控制，即针对非稳态工况下铸坯质量的稳定控制奠定基础，发挥两方面作用：一是为基于参数法的前馈控制提供相应的配方参数（如拉速-水量二次方配水的系数）；二是为闭环控制提供至关重要的目标温度。

2.3.2　非稳态过程动态控制技术

动态控制是适应非稳态过程控制凝固状态稳定从而保证铸坯质量稳定性的技术，

包括二冷动态控制、凝固末端电磁搅拌动态控制和动态轻压下技术。从优化控制的分工来说，优化的目标是在稳态下提升铸坯质量平均水平；而动态控制则是通过"以动制动"保持某些内在被控量相对稳定的方式收缩质量控制的波动范围。其中，二冷动态控制采用前馈+反馈复合控制策略：前馈部分为克服拉速突变时过渡过程中静态水量过度补偿形成温度峰谷波动及中间包过热度对铸坯凝固状态的滞后影响引起的铸坯表面温度波动，引入有效拉速和有效过热度进行动态补偿控制；反馈部分采用串级解耦控制的思想设计解耦器进行解耦并设计相应控制器，其目标温度设定值由优化过程给出，反馈值则由校正后的在线凝固传热模型软测量给出。电磁搅拌动态控制是实现铸坯凝固前沿流动速度稳定控制进而保证铸坯质量稳定的关键，主要依据液芯软测量结果，结合磁流耦合模型建立的凝固前沿流动速度与液芯半径、钢种的关系，动态地调整电流而控制流动速度稳定，其中也需要结合对电磁搅拌磁感应强度或电磁转矩的测量确定电磁搅拌的实际搅拌性能。

以上技术的系统集成整体上反映了连铸智能化的一个重要侧面，近年来在钢厂推进获得良好应用效果，得到客户认可和好评。

3 应用效果

应用案例整理见表1。

表 1 优化控制系统应用效果

序号	合作钢厂	铸机号与铸机类型	应 用 效 果
1	宝钢	方坯连铸机	应用中间包塞棒测温技术、智能连铸机
2	南钢电炉厂	合金钢1号方坯铸机	通过江苏省科技厅技术鉴定（2002）
3	三明炼钢厂	4号方坯弧形连铸机	铸坯质量明显提高
4	三明炼钢厂	5号方坯弧形连铸机	超过1.5级的裂纹缺陷由25%降至5%
5	三明炼钢厂	1号方坯弧形连铸机	内部裂纹小于1级的大于90%
6	三明炼钢厂	2号方坯弧形连铸机	内部裂纹小于1级的大于90%
7	福建三明	二炼钢1号铸机	解决复合电磁优化问题，减轻偏析、中心疏松和缩孔
8	河北津西钢铁厂	3号板坯连铸机	拉漏率降低50%；铸坯质量显著提高，轧材边裂降低60%
9	萍钢炼钢厂	一钢1号方坯弧形连铸机	铸坯质量明显提高，通过2008年底省级鉴定
10	萍钢炼钢厂	一钢2号方坯弧形连铸机	铸坯质量明显提高，通过2008年底省级鉴定
11	萍钢炼钢厂	一钢3号方坯弧形连铸机	铸坯质量明显提高，通过2008年底省级鉴定
12	萍钢炼钢厂	二钢1号方坯弧形连铸机	铸坯质量明显提高，通过2008年底省级鉴定
13	萍钢炼钢厂	二钢2号方坯弧形连铸机	铸坯质量明显提高，通过2008年底省级鉴定
14	苏州钢厂	1号小方坯弧形连铸机	优化结晶器电磁搅拌，通过项目验收
15	南钢电炉厂	2号大方坯弧形连铸机	轴承钢攻关，动态轻压下，通过项目验收

续表 1

序号	合作钢厂	铸机号与铸机类型	应 用 效 果
16	南钢电炉厂	1 号小方坯弧形连铸机	南钢 80 级钢帘线 "一火成材" 工艺开发成功，合格率大于 95%
17	大冶特钢	四炼钢 2 号方圆坯连铸机	解决齿轮钢系列负偏析问题，偏析指数控制 0.95~1.05
18	台湾中钢	方坯连铸机	安装应用二冷动态控制系统
19	淮钢特钢	3 号大圆坯连铸机	缩孔、裂纹、中心偏析不大于 1.5 级
20	沙钢	二车间 3 号方坯连铸机	解决典型钢种偏析、缩孔、疏松问题
21	本钢	二车间 2 号方坯连铸机	解决绞帘线钢种偏析、缩孔、疏松问题

典型案例：在南钢电炉 70、80 级帘线钢小方坯生产 "一火成材" 的质量工艺攻关过程中（项目 16），结合钢种特性和冶金机理，通过系统的检测、优化、控制工作，对过热度、拉速、二冷水量、电磁搅拌均进行了细致的优化和多次的试验，经过前后长达两年的工艺磨合和质量攻关，将小方坯偏析控制到 1.07 以下（国内顶尖水平），合格率由 0% 提升至 95.7%，最终实现稳定的批量生产供货贝卡尔特。为企业每年带来 3000 万~4000 万元的显著经济效益。

阳　剑

连铸坯表面温度测量装置

连铸二次冷却影响凝固传热进程，是决定连铸质量的关键。随着钢铁产品需求的提高、高效连铸的发展以及热送、热轧等新工艺的产生，对铸坯的质量要求更为严格，需要推动二冷控制向闭环控制方向发展，而二冷闭环控制实现的前提条件是连铸坯表面温度的测量。

表面温度是铸坯质量控制必不可少的关键参数。（1）铸坯凝固质量与铸坯表面温度有密切关系。铸坯的凝固结构由致密的等轴晶、柱状晶和中心等轴晶三个区域构成，其中柱状晶区域越大，中心偏析、中心缩孔和裂纹等质量缺陷越明显。而柱状晶生长由热量流失的快慢决定，热量流失速率由铸坯内外温度梯度决定，温度梯度越大，柱状晶越发达，其区域就越大。柱状晶粗壮发达，选分结晶导致凝固前沿富集杂质元素，最终产生中心偏析缺陷；柱状晶发达造成穿晶则形成疏松缩孔缺陷；柱状晶间存在低熔点 S、P 元素，凝固前沿抗变形能力减弱，易产生裂纹缺陷。因此根据测量的表面温度调节冷却水各段参数可控制铸坯质量。（2）矫直区间表面温度需要准确控制。铸坯凝固过程存在一个塑性凹槽，即脆性区（零强度温度 ZST 和零塑性温度 ZDT 区间），该脆性区受到外机械力极易使裂纹扩展或者产生裂纹。如果能准确测得铸坯表面温度，调节冷却水参数使铸坯表面温度脆性区避开矫直点，可减少裂纹的发生。（3）铸坯凝固末端的液相穴长度需要控制。测出表面温度可推算出铸坯液相穴长度，防止液芯切割，同时为末端电磁搅拌、重压下和轻压下等技术安装位置确定提供依据，提高质量控制效果。

铸坯表面温度至今无法准确测量。工业上根据设定目标温度建立凝固数学模型，通过模型反演铸坯的一次和二次冷却各段水、气参数，只能采用静态配水的冷却模式对铸坯进行凝固控制。国际上没有一台铸机将表面温度测量值应用于铸坯凝固反馈控制。由于缺少表面温度检测，冷却效果的好坏无法验证，连铸凝固模型的准确性无从判断，而离线取样的大滞后控制使产品质量无法及时在线改进。随着对钢铁产品质量要求的不断提高，对连铸凝固质量要求也在提高，对铸坯表面温度检测的研究也显得更为迫切。

由东北大学自动化仪表研究所自主研发的 CSTM 铸坯表面温度测量系统：建立了基于 CCD 窄波段光谱辐射测温数学模型，系统分析了光学系统参数对温度灵敏度及测温范围的影响，并最终据此确定了铸坯表面 CCD 测温系统中的光学系统参数。为了消除测距变动和像素差异对测温精度的影响，建立了单光谱图像测温仪的距离误差补偿模型和平面精度非一致性补偿模型。前者定量描述了因目标与系统的实际距离偏离标定距离而导致的测温误差；后者则以 CCD 中心标定像素作为参考基准，量化了该像素与其他像素之间测温精度（平面精度）的差异性。基于铸坯凝固传热模型对铸坯表面温度场分布的固有特征进行分析和提取，并将该分布特征信息与高分辨率 CCD 探测器直接测得的温度信息相融合，提出了一种温度场在线重构算法。有效地消除了铸坯表面温度测量中存在的氧化铁皮、高温、多尘等因素影响，可以在线实时地测量铸坯表面温度场的信息，可实现二冷配水的闭环控制。CSTM 铸坯表面温度测量系统采用多传感器融合技术，连续监测铸坯表面温度，通过表面测温进行反馈，实现二冷闭环控制，温度波动控制在±5 ℃以内，改善由于脆性矫直而产生的矫直裂纹。监测侧弧、内弧温度差，角部与中心的温度差，判断二冷水状态并控制角部裂纹产生。

目前已在南钢电炉厂、南钢宽厚板、沙钢、鼎信不锈钢等现场安装应用（图 1）。其中基于铸坯表面温度测量实现铸坯质量优化控制，在南钢电炉厂开发帘线钢"一火成材"连铸工艺成功，碳偏析指数由 1.12 降低至 1.06，内检合格率由 0 提高到 95%，吨钢节省成本 500 元，创造效益 5000 万元/年。

连铸坯表面温度测量技术已申请 PCT 专利，目前获得中国、俄罗斯、美国的发明专利授权，并获辽宁省科学技术进步奖二等奖 1 项。

 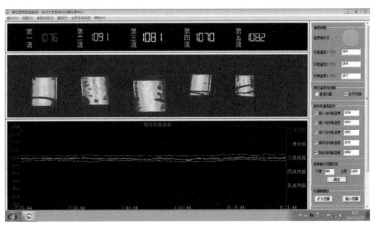

图 1　表面测温现场应用情况

胡振伟　孟红记

数字化连铸

连铸过程中液态钢水凝固为固态铸坯，钢材的大部分缺陷起源于其凝固过程。连铸坯凝固组织粗大、宏观偏析控制不稳定、大尺寸夹杂与夹杂物偏聚等问题严重影响钢材产品质量。因此，连铸过程管理对于企业高效生产和钢材质量控制至关重要。然而，连铸过程是典型的"高温黑箱"，具有不可视、不可测的特点。"高温黑箱"内部的流场、温度场等多物理场的三维瞬态变化与铸坯质量控制、现场安全生产息息相关。同时，连铸过程是涉及多相、多物理场耦合的复杂物理化学过程。"高温黑箱"与复杂的多相多场耦合导致连铸现场保护渣加渣过程的融化、坯壳的生成速度、浇注过程钢液的冷却效率、浇注温度以及拉速的变化造成的凝固末端的位置变化、压下设备的位置与压下量、冷却制度在线调控、电磁装备的工艺调整、混浇坯长度预测等连铸工艺均无法确定。近年来，大数据、人工智能、数字化等关键领域不断发展，继蒸汽革命、电气革命、信息革命之后，人类将迎来旨在推动制造业向智能化转型的数字化信息物理时代。以"高温黑箱"和复杂多相多场耦合为显著特点的连铸过程将成为人工智能展现实力的绝好舞台。数字化连铸通过连铸坯质量自动识别与智能分析、连铸工艺输入与连铸质量输出关联数据库建立、连铸人工智能模型训练、连铸坯质量预测与反向连铸工艺优化，实现连铸工艺参数包括冷却制度、电磁装备工艺、压下装备工艺、过热度、拉速等在线智能协同的一键式连铸，进而实现连铸坯凝固组织细化、均质化、洁净化等大幅提升。同时，基于大数据与人工智能的一键式数字化连铸系统将连铸"高温黑箱"可视化，实时监测连铸过程多物理场瞬态变化，预警连铸过程异常波动，助力安全生产，解决连铸全流程多相多场耦合机制与耦合规律的关键科学问题，解决连铸过程"高温黑箱"可视化的关键技术问题。基于大数据与人工智能的数字化连铸系统，如图 1 所示。

数字化连铸研究成果初步在山东钢铁股份有限公司、石钢京诚装备技术有限公司等试用，实施效果如图 2 所示。生产的高品质风电轴承、齿轮和海洋工程用连铸坯在质量控制方面已达到国际领先水平，为解决我国高品质钢连铸生产中等轴晶率低、柱状晶发达、宏观偏析严重以及大尺寸夹杂与夹杂物偏聚等问题提供了技术支持。例如，风电轴承钢 42CrMo 系列铸坯碳极差降低了 82.7%，等轴晶率提高了 27%；齿轮钢 20CrMnTi 系列铸坯碳极差降低了 62.2%，等轴晶率提高了 9%，单位面积夹杂物减少

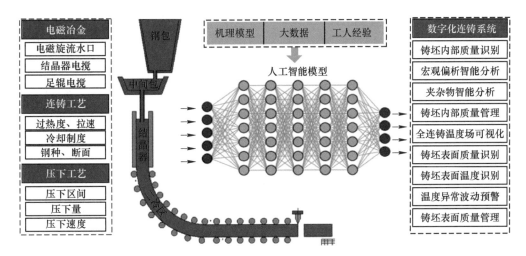

图 1 基于大数据与人工智能的数字化连铸系统

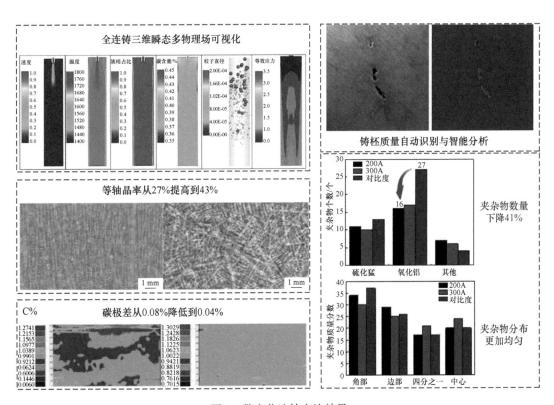

图 2 数字化连铸实施效果

了 45%；齿轮钢 18CrNiMo 系列铸坯碳极差降低了 56.9%，等轴晶率提高了 9%；SAE1010 系列铸坯单位面积夹杂物减少了 41%。实现了高品质轴承钢、齿轮钢、海工钢类产品连铸坯凝固组织细化、均质化和洁净化的有效控制，同时提高了连铸坯生产效率、产品竞争力以及客户的满意度。山东钢铁股份有限公司生产的铸坯应用于南京高速齿轮制造有限公司、重庆齿轮箱有限责任公司、洛阳 LYC 轴承有限公司、伊莱特能源装备股份有限公司、蓬莱巨涛海洋工程重工有限公司、中国海洋石油集团有限公司等公司的产品制造，主要包含风电齿轮、轴承、海洋船舶、平台装备等产品的应用，实现了海上风电示范工程应用，填补了国际空白。石钢京诚装备技术有限公司生产的铸坯应用于三菱、大连重型锻造有限公司、ABB、瓦房店轴承集团有限责任公司、山西金瑞、宝钢股份、中国五矿集团公司等公司的产品制造，主要包含重型装备和船舶等产品的应用。为企业创造直接经济效益 344460.36 万元/年，为企业新增利税 44779.85 万元/年；在节能减排方面，年均节电 3861.6×10^4 kW·h，折合标准煤 15523.6 t/年，减少二氧化碳排放 38171.1 t/年。

刘晓明

板坯切割熔渣在线检测及智能化控制

板坯火焰切割是连铸生产中的必要环节。板坯火焰切割后在切割面上下表面残留的熔渣和毛刺对成品质量有重大的影响。残留的熔渣和毛刺会在后续轧制过程中形成翘皮、夹渣等缺陷，不仅可能对辊道、轧辊等设备造成损伤，而且还会影响轧材质量、降低成材率，对钢铁企业造成不可估量的经济和品牌损失。因此，进行板坯火焰切割熔渣在线检测及智能化控制，不仅可以及时将问题板坯调离产线处理，还能提高板坯切割质量，进而保证轧材质量和成材率。然而，由于检测难度大，目前国内外缺乏切割熔渣检测技术及手段；且因影响因素众多，板坯切割熔渣尚无有效控制方法。因此，实现板坯切割熔渣在线检测及智能化控制（图1）成为钢铁企业的迫切需求。

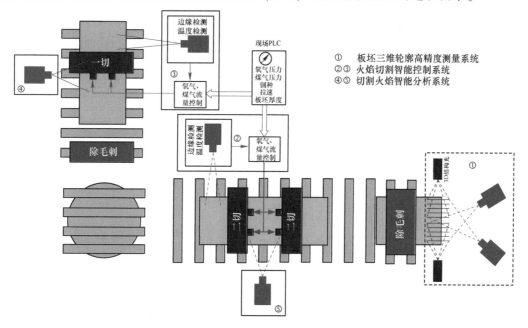

图 1 板坯切割熔渣在线检测及智能化控制

针对板坯切割熔渣在线检测及智能化控制需求，发明两项原创性技术：（1）提出用线结构光阵列扫描技术实现板坯切割熔渣在线实时高精度检测，如图2所示。由面阵相机组成的视场覆盖板坯整个宽度方向，位于两侧的结构光投射器投射线结构光阵列至板坯表面，利用板坯自身的运动，投射的线结构光阵列相对于板坯表面不断移动，扫描板坯整个表面，利用结构光三维测量原理实现切割熔渣三维形貌的在线高精度测量。

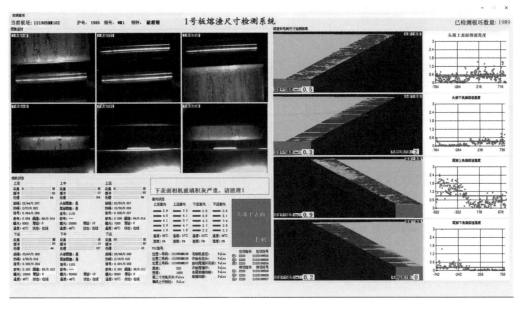

图 2 切割熔渣在线检测

（2）提出切割火焰动态在线调节方法，利用人工智能技术建立切割熔渣控制模型，实现切割熔渣在线智能控制，如图 3 所示。根据切割熔渣在线检测结果，结合现场工艺参数，利用人工智能技术建立切割熔渣控制模型。基于切割熔渣控制模型，研发火焰切割能源介质计算机自动控制装置，通过切割枪气量智能调节实现切割熔渣生成量的控制。

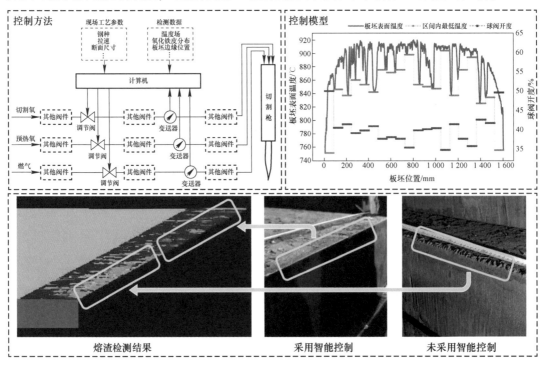

图 3 切割熔渣智能控制

板坯切割熔渣在线检测及智能化控制方法与技术自 2019 年提出以来，先后在福建三钢全部两条板坯产线（分别于 2020 年和 2023 年）得到应用。该技术投入使用后，成功将切割熔渣导致的轧材头尾部翘皮率由原来的 1.6%降低至 0.2%以下（图 4），每条板坯产线年创效益达 1500 万元以上，得到了客户的高度认可。

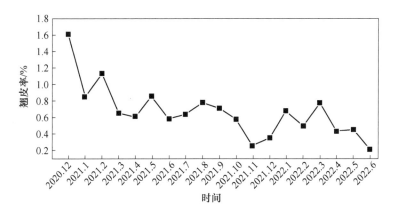

图 4　投入使用效果（轧材头尾部翘皮率改善变化情况）

何　庆

热轧中厚板大模型系统案例

热轧生成式工业大模型结构与功能概述

1 引言

钢铁是保障国民经济与重大工程及重大装备建设的关键原材料，其中95%以上需经过热轧工序才能成材。因此，热轧不仅是钢铁生产的核心工序，而且热轧钢材的质量也是反映国家钢铁工业整体水平的标志。钢铁产品的质量核心包括：钢材的尺寸形状、内部组织结构、宏观力学性能及表面质量。综合提高钢铁产品质量水平，一直是钢铁领域的世界性难题。

钢材热轧过程中，轧件内部组织结构演变、表面氧化行为与轧制力能负荷之间相互影响、相互作用。组织结构演变影响轧件流变应力进而决定轧制负荷；同时，轧件表面氧化过程决定轧件与轧辊之间摩擦系数，从而对轧制负荷产生影响。然而，上述交互作用过程均无法在线检测，属于典型的黑箱过程。由此可见，热轧过程是一个"牵一发而动全身"的复杂非线性黑箱系统。一百多年以来，研究人员基于塑性力学理论提出以均匀变形为基础的轧制力计算模型，但未考虑显微组织演变对钢材软化及硬化行为的影响，制约了轧制力的计算精度。20世纪70年代，众多研究者基于模拟实验建立了热变形过程显微组织演变模型，但实验条件与热轧生产过程的高速化和连续化相差甚远，导致模型计算结果与实际生产过程存在较大差距。近七十年，国内外学者基于大量实验和高温氧化理论开发了氧化铁皮厚度与结构的经验预测模型，但热轧流程长、钢中合金元素间交互氧化复杂，导致模型精度不高。综上所述，传统建模方法多采用实验为主的机理模型，且均为轧制载荷、组织性能和表面质量彼此独立进行，各自求解的边界条件只能进行简化与假设，不能针对这些密切相关问题进行全局分析，从而割裂了各个目标间的联系，导致解析结果无法真实反映热轧过程而与生产实际偏离较大。这种现状，已成为困扰我国钢铁产品质量提升的长期痼疾。如何才能有效解决这一难题，答案是：必须在热轧生产中，首先将强耦合黑箱过程精准透视出来，进而实现过程精准控制，最终达到提升热轧产品综合质量的目的。热轧强耦合"黑箱"系统及与之相对应的传统解析方法如图1所示。

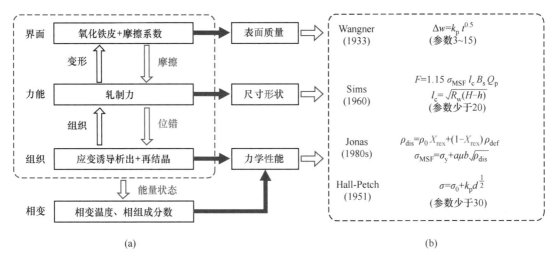

图 1 热轧强耦合"黑箱"系统（a）及与之相对应的
传统解析方法（模型参数数量均在 100 之内）（b）

2 生成式工业大模型研究现状

人工智能（AI）理论与方法是实现复杂过程数字孪生的唯一途径。目前，AI 技术在各行各业的应用实现了突飞猛进的增长。但是，传统 AI 只能根据输入的数据进行处理与分类，很难扩展到训练数据之外的应用场景。近年来，生成式 AI（Generative AI-GAI）以数据以及从数据中提取的知识作为输入，通过机器学习建立起相关大模型（Foundation Model），进而真实还原并生成全新、原创的产品或任务，从而带动了人工智能领域的范式转换。其作用堪比工业革命，将带动各行业工作效率的极大提升。然而到目前为止，GAI 主要以海量商业数据为输入建立相关关系，应用于智能客服等领域，在工业生产特别是材料流程工业生产领域尚未开展相关方面研究。

大模型作为 GAI 的核心，它的建立需要重点考虑 3 个方面内容：（1）可训练性，即应用场景的数据资源；（2）可解释性，需要以物理知识牵引；（3）鲁棒性，要求模型具有数据可扩展并符合物理规律。热轧过程作为钢铁生产核心流程，其内部组织结构演变与界面状态变化纷繁复杂，如何基于工业数据开发生成式工业大模型已成为一个需要探索的全新研究领域。为此，项目团队在深入挖掘热轧工业数据基础上，将轧制工艺学与物理冶金学实验数据通过 AI 算法融入热轧生成式大模型开发之中，精准再现了各种实际生产条件下，热轧过程中不同物理现象间交互作用关系，构建起热轧全流程高保真数字孪生，并与热轧生产线控制系统无缝对接，使新产品、新工艺研发与应用周期缩短，稳定提高产品性能质量，以集约化生产替代传统模式，对促进我国钢材"升级换代"及绿色化生产起到推动作用。

3 热轧生成式工业大模型系统

（1）数据治理及深度挖掘。热轧作为典型的流程工业，时刻产生覆盖化学成分、生产工艺、设备状态及性能指标等的海量数据信息。如何发现影响热轧钢材综合性能指标的主要因素及其相关关系，需要将热轧生产工艺学原理与工业大数据挖掘分析技术及信息技术相结合，但目前尚无相关解决方法的理论与实践应用研究。为此，项目团队从轧钢工艺学原理出发，提出高维度、大规模数据的深度学习人工智能方法，挖掘了热轧生产过程工序间的关联数据信息并获得工艺特征参数，从而丰富了数据的特征空间，明确了钢材成分与工艺特征对产品综合性能指标的权重关系。

（2）物理机制及知识的学习。热轧生产过程中，各工序发生不同的物理冶金行为且彼此间具有复杂的相互关联关系。前人已针对热轧中不同工序的物理冶金学现象，开展了大量实验研究，所建立的物理冶金学模型即便能反映基本物理冶金学规律，但仍然与实际热轧生产过程相距甚远而无法直接应用。不同物理冶金学现象间相互作用关系更是复杂多变而无法精准描述。针对上述难题，项目采用符号机器学习算法，在不需要任何理论假设的条件下提取出特定数据集所具备的知识内涵。以热轧过程应变诱导析出行为解析为例，通过数据挖掘和知识提取，建立了成分、变形工艺、应变诱导析出开始/结束时间的对应关系，计算精度较通用的 Dutta-Sellars（DS）模型提升一倍以上，同时计算生成的 PTT 曲线可作为大模型的知识输入，以物理知识牵引提升模型的可解释性及模型的鲁棒性。

（3）轧制过程"力能-组织-界面"强耦合机器学习。在轧制过程中，通过对热轧负荷工业大数据的系统机器学习，根据轧制载荷变化揭示了轧制过程奥氏体再结晶及晶粒形态演变。此外，热轧过程形成的钢材表面氧化铁皮可直接影响轧件与轧辊的接触状态，进而影响轧制负荷。在构建热轧过程氧化铁皮厚度演变及界面摩擦的机器学习模型基础上，实现了氧化铁皮厚度及界面摩擦系数的精准预测。通过高保真动态数字孪生轧件"力能-组织-界面"的动态演化行为，可使稳态轧制力预报精度较国外模型提升至少一倍以上，为提升钢板厚度和板形的控制精度奠定了基础。

（4）冷却过程动态相变遗传机器学习。轧制结束后，热轧钢材经历加速冷却过程。在此期间，形变奥氏体发生诸如铁素体、珠光体、贝氏体及马氏体的连续冷却相变。因此，快速获得精确的连续冷却转变（CCT）曲线有助于制定出正确的冷却路径控制策略，实现热轧钢材性能的精准调控。为此，项目团队结合物理冶金学原理，提出了动态相变的遗传性机器学习方法，实现了不同类型钢种连续冷却相变行为的预测，精度较国际通用模型提高了30%以上，结合智能优化算法成功实现了高强钢的冷却路径柔性化控制。

（5）组织结构与力学性能对应关系。钢材的显微组织决定其力学性能。准确的显微组织识别和表征在高质量钢铁产品生产过程中发挥着重要作用。然而，传统的金相信息表征只能依靠研究人员的个人经验，采用图像处理软件粗略估计平均晶粒度和相分数，导致提取金相信息因人而异，无法精确建立显微组织和力学性能之间的定量关系。为此，项目团队采用基于深度学习方法开发了显微组织精确识别与特征提取技术，开发出具有深度学习微观结构感知和机器学习力学性能预测的集成系统，成功实现了以普碳钢及高强度合金钢为例的显微组织识别和力学性能高精度预测。

4 热轧生成式工业大模型集成与主要功能概述

图2示出的是热轧生成式工业大模型架构。相较于传统模型，其变量总数超过350万，比传统模型多出5个数量级以上。通过热轧上下游的信息融合，在实际工业应用中不断迭代优化，基于数据资源不断提升模型的可训练性，基于物理知识学习不断提升模型的可解释性和鲁棒性，从而构建起高保真热轧过程"成分-工艺-组织-界面-载荷-性能"的数字孪生，并形成通用的、可推广的工业系统，实现热轧过程中钢材综合质量的精准调控。

综上所述，基于热轧工业生产数据及先进的数字化手段和大模型训练方法，首次开发出了综合考虑组织结构演变、氧化铁皮厚度演变、界面状态及轧制载荷变化的热轧生成式工业大模型，实现了热轧过程主体环节的高保真数字孪生，可解决热轧过程组织演变与界面状态的黑箱问题，从而提升产品表面质量和力学性能稳定性。实际应用于我国大型热连轧及宽厚板轧机等10余条生产线，开发出以海洋风电为代表的多种高性能钢铁材料的成分体系与最优轧制工艺，生产出"内外兼修"的高品质热轧钢材并成功应用于我国各类重大工程。所开发的热轧大模型系统颠覆了国际钢铁领域的传统控制方法，在热轧生产技术领域走出了一条领先于日韩欧洲等钢铁企业的数字化转型之路。同时为钢铁生产如何充分利用丰富的生产数据资源提供了参考，也为开发全流程数字化预训练大模型提供了算法支撑，系列研究工作在典型流程工业数字化转型中具有重要的理论指导意义和参考价值。

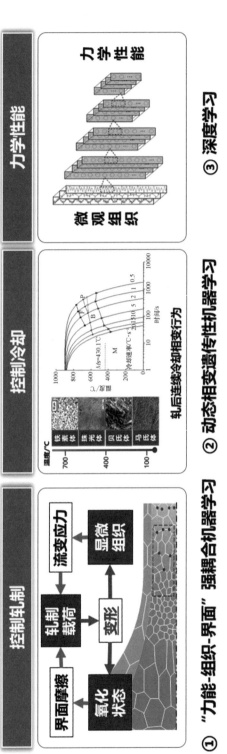

图2　热轧生成式工业大模型的主要系统架构

① "力能-组织-界面"强耦合机器学习　② 动态相变遗传性机器学习　③ 深度学习

刘振宇

多道次变形条件下热轧钢材
流变应力预报

热轧过程中轧制力精准预报对控制轧件板形和厚度至关重要，其变化过程与轧件内部组织演变行为密切相关。尽管国际国内普遍采用 TIMEC 等模型，依靠自学习和数据回归这种"打补丁"的方法可保证轧制力预报具有一定的精度。但由于没有充分考虑变形过程的组织演变，使得轧制力预报精度已基本达到极限。众所周知，影响轧制力的最重要因素就是变形过程中的流变应力，因此，高精度流变应力模型的建立对于钢材轧制过程具有重要的意义。

通过单道次压缩实验可以快速地评估钢材的流变应力。目前研究人员已经对不同钢材在单道次变形条件下的流变应力预测做了大量的工作。而在实际轧制过程中，多道次变形是生产工艺中不可避免的一环。在多道次变形条件下静态再结晶、晶粒尺寸、位错密度、变形温度、应变速率等都会导致材料的组织发生变化，进而影响材料的流变应力。因此，通过传统的本构方程建模方法很难对钢铁材料的多道次变形行为进行高精确预测。

针对上述问题，项目团队采用已开发的热轧生成式工业大模型，对多道次条件下的流变应力进行了预测。为了更好地研究流变应力随组织演变和变形参数的影响，设计了多道次压缩实验。基于对多种流变应力模型预测精度的分析，选择了一种精度最高的流变应力模型，并将其作为预测多道次变形条件下流变应力模型的基本框架。同时，采用遗传算法结合各道次的流变应力数据确定了各道次变形条件下的流变应力模型关键参数。

项目团队基于典型的奥氏体再结晶和晶粒尺寸数据模型，结合工业大数据学习出模型中的关键工艺参数，实现了热轧过程奥氏体组织演变的数字孪生，使得热轧过程全流程"黑箱变白"。基于数字孪生技术，建立了实验钢高精度的奥氏体静态再结晶数学模型、奥氏体晶粒尺寸数学模型和变形过程中的位错密度数学模型。充分考虑变形条件、奥氏体静态再结晶软化行为等因素，通过项目团队所开发的神经网络算法，建立了奥氏体静态再结晶软化率、奥氏体晶粒尺寸、变形温度、应变速率等参数与流变应力模型关键参数之间的映射关系。网络模型建立流程图如图1所示。图2给出了双道次变形条件下的流变应力对比。图3给出了四道次变形条件下的流变应力对比。

可以看出，基于生成式大模型所建立的流变应力模型具有较高的精度，不仅适用于预测传统意义上的单道次变形条件下的流变应力，更能预测实际热轧过程的多道次变形条件下的流变应力。基于高精度的流变应力模型的预测，可以进一步提高热轧过程轧制力的预测精度。为板带生产过程中进行合理的道次负荷分配和控制轧制温度的制定奠定基础。

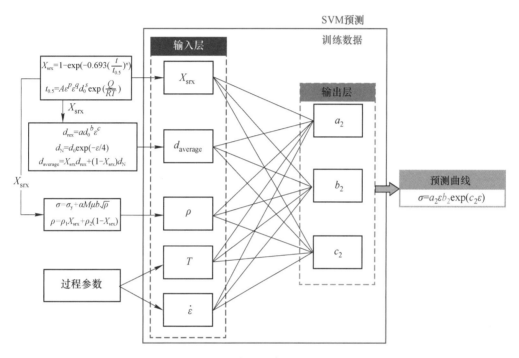

图 1　网络模型建立流程图

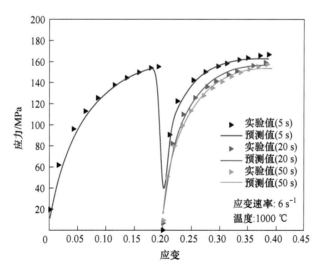

图 2　双道次变形条件下预测流变应力与实验值对比

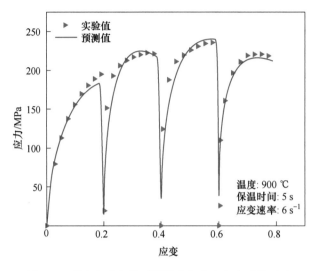

图3 四道次变形条件下预测流变应力与实验值对比

刘振宇

高强钢相间析出行为的预测及控制

微合金钢因具有优良的性价比广泛应用于工程机械、汽车等领域，其在奥氏体向铁素体相变的过程中发生的相间析出能明显提高钢的强度。因此，准确预测相间析出能否发生并利用相间析出提高钢的强度至关重要。相间析出的发生与化学成分及工艺参数等密切相关。但目前相间析出发生的条件并不明确，必须通过大量实验探索相间析出发生的成分或工艺条件。在相间析出发生的条件下，不同研究者建立了物理冶金学模型预测相间析出的特征值（面间距 λ，粒子间距 b_p，粒子直径 d）。但是这些物理冶金学模型非常复杂，难以应用。同时，在高强钢生产过程中的合金减量化设计也是钢铁行业追求的目标之一。

针对上述高强钢相间析出存在的问题，项目团队采用已开发的热轧生成式大模型，针对高强钢的相间析出行为开展了系统的研究。

项目组首先基于决策树（Decision Tree）模型，对高强钢在热轧过程中能否发生相间析出进行判断。如图 1 所示，单个决策树由分支、节点和叶子组成，一个完整的决策过程生成了树状结构。项目团队将数据按 8∶2 的比例划分为训练集和测试集，用于构建相间析出和弥散析出的二分类模型。

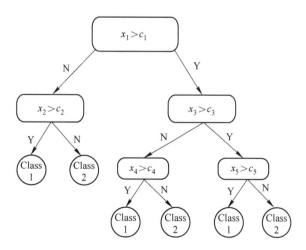

图 1　决策树模型的示意图

x_1，x_2，…—变量实际值；c_1，c_2，…—变量临界值；Class 1—相间析出；Class 2—弥散析出

表 1 给出了采用决策树模型对析出类型的判定结果，可以看出，对于能否发生相

间析出行为的判定与文献中的结果完全吻合。

表 1 决策树模型预测结果与文献结果对比

钢号	保温温度/℃	保温时间/s	保温后冷速/℃·s⁻¹	相间析出/弥散析出	文献结果
Fe - 0.085C - 1.43Mn - 0.25Si - 0.10Ti - 0.003P - 0.002S - 0.0045N（质量分数,%）	700	600	0.1	相间析出	相间析出
	650	600	0.1	相间析出	相间析出
	700	1800	0.1	弥散析出	弥散析出
	650	1800	0.1	弥散析出	弥散析出
0.08C - 0.21Si - 1.76Mn - 0.058Nb - 0.11Ti（质量分数,%）	640	50	100	相间析出	相间析出
	640	100	100	相间析出	相间析出
	640	—	2	弥散析出	弥散析出

为了更好地预测相间析出行为，项目组还对相间析出的特征值（λ，b_p 和 d）进行预测。由于描述相间析出特征值的物理冶金学模型非常复杂，难以直接应用，同时相间析出特征值的实测数据较少，而化学成分和工艺参数是影响相间析出特征值的关键因素，因此必须采用一种新的方法对相间析出特征值与化学成分和工艺条件的关系进行建模。项目组利用带有径向基函数的支持向量机（SVM）模型在小数据集和非线性回归领域的优势，输入参数为决策树给出的节点变量，输出为相间析出特征值。将发生相间析出的数据按 8∶2 的比例划分为训练集和测试集。在训练 SVM 模型时，SVM 的结构参数采用 PSO 算法进行优化。在得到相间析出粒子的特征值（λ，b_p，d）后，对相间析出的强化强度进行计算。

图 2 示出了 SVM 模型的训练和测试数据集中面间距、粒子间距、粒子直径和相间析出强化强度的预测值与实测值对比。可以看出，预测结果与实验结果吻合良好。表明 SVM 模型能够准确预测不同成分和变形条件下相间析出粒子的特征值和析出强化强度。

为了在保持钢整体强度不变的条件下对合金进行减量化设计，项目组基于训练好的相间析出特征值的 SVM 模型，在决策树结果的约束条件下，根据目标的相间析出强化强度优化达到该强化强度所需的化学成分和工艺条件。在进行合金减量化设计时，将新成分钢材固溶强化、细晶强化对屈服强度的贡献与原成分钢材固溶强化、细晶强化对屈服强度贡献的差值由两种成分钢材相间析出强化强度的差值弥补。将建立的 SVM 模型与 PSO 算法相结合，利用相间析出高的强化强度对合金进行减量化设计。采用优化工艺后，Mn 的质量分数由原来的 1.5% 降低至 1.03%，Mo 的质量分数由原来的 0.2% 降低至 0。TEM 观察到优化合金中存在大量排列规则的相间析出粒子，且优化钢材的硬度与原钢材相比硬度相当。表明所建立的机器学习模型可实现合金减量化设计。

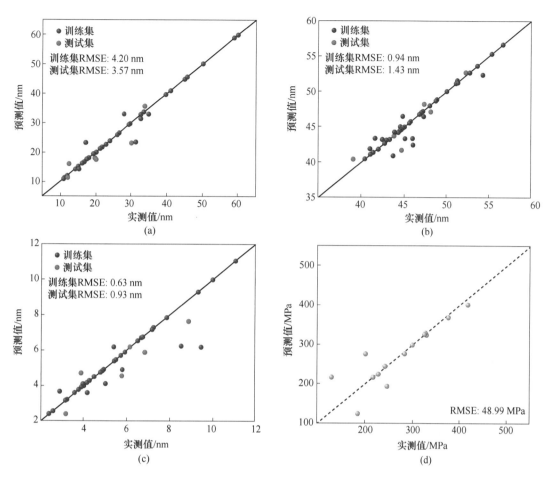

图 2　训练和测试数据集中的预测值和实测值之间的对比

（a）面间距；（b）粒子间距；（c）粒子直径；（d）析出强化强度

刘振宇

显微组织与界面状态的数字孪生及
轧制力预报

热轧过程中轧制力精准预报对控制轧件板形和厚度至关重要，其变化过程与轧件内部组织结构及轧辊与轧件界面状态密切相关。尽管国际国内普遍采用普利特或TIMEC模型，依靠自学习和数据回归这种"打补丁"的方法可保证轧制力预报精度，但由于没有将上述两个主要因素考虑在内，对轧制力变化规律的认识限于塑性力学范围内，轧制力预报精度已基本达到极限。

项目团队采用已开发的热轧生成式工业大模型，对热轧过程中可实时、精准检测的轧制力进行系统训练和学习，从而明确流变应力变化情况，进而描述出显微组织演变的进程。因此，以流变应力为桥梁，融合工业大数据驱动和机器学习算法，通过轧制载荷变化揭示轧制过程奥氏体再结晶及晶粒形态演变，并提出了混合奥氏体组织形态的计算方法，实现了对混合组织中各类型晶粒的尺寸、形状与体积分数进行定量描述，并开发出了特殊方法实现显微组织的快速重构，可对轧制过程奥氏体形貌及析出形貌进行直观展示。与此同时，热轧生产过程中在钢材表面随时生成氧化铁皮，其厚度及均匀性是影响热轧产品表面质量最主要的因素，也可以充当轧辊与轧件界面的润滑介质而影响轧件与轧辊的接触状态，进而影响轧件轧制负荷。为此，项目团队利用数据驱动算法解析了氧化速率、氧化铁皮变形率与轧制工艺及化学成分的关系。基于非等温氧化动力学模型建立了热轧全流程氧化铁皮厚度演变模型，通过工业大数据与遗传算法实现了热轧全流程氧化铁皮厚度演变的精准预测，并建立起氧化状态与界面摩擦系数的对应关系，实现了轧制过程界面状态的精准描述。图1（a）和（b）分别示出的是热轧生产过程中典型高强度合金钢显微组织演变及氧化铁皮厚度与界面摩擦系数演变行为。

轧制力的高精度预测是提升产品三维尺寸控制精度的关键。在前述研究的基础上开发了热轧过程"形-性-面"耦合机器学习框架，建立轧制过程轧件软化行为与流变应力以及表面氧化状态与轧制摩擦状态的耦合关系模型，精准解析了轧制过程再结晶、析出、氧化等物理过程。以此为基础，通过融合成分、工艺、质量等工业大数据，开发集成学习方法实现轧制过程"形性面一体化"高保真动态数字孪生，实现热轧过程轧制力的精确计算，通过高精度轧制力计算，可有效提升厚度和板形控制精度。

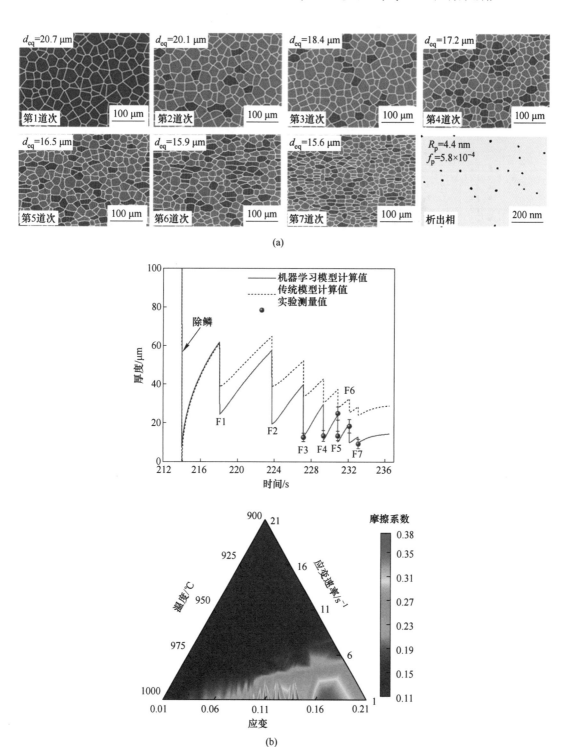

图 1 精轧各道次奥氏体形貌与 Nb(C，N) 最终形貌可视化结果 （a） 及
热轧过程氧化铁皮厚度与摩擦系数变化情况 （b）

图 2 示出的是某宽厚板生产线采用国际通用轧制力模型预报的各道次轧制力与实测值比较，以及采用项目团队开发的大模型预报的轧制力与实测值比较。可以看出，由于大模型充分考虑了热轧生产过程中轧件的显微组织演变和表面氧化行为，因此其轧制力预报精度较国际通用模型高出一倍以上，是宽厚板生产过程中进行合理的道次负荷分配和控制轧制温度的基础。

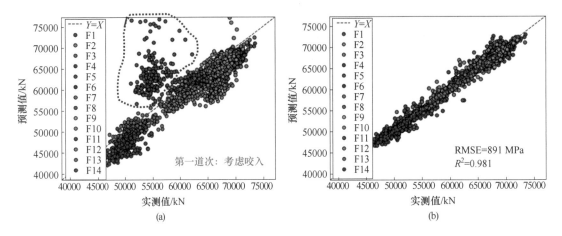

图 2　宽厚板生产过程中基于组织与界面状态的轧制力预测精度

（a）国际通用轧制力模型；（b）项目团队开发的大模型

刘振宇

余坯利用与轧制工艺柔性化设计系统

面对新型工业化带来的生产与消费结构改变，宽厚板生产过程中的品种结构复杂、小批量订单多等特点更加突出。为保障生产中的合同调度与安排，中厚板企业每年均不可避免地产生总产能10%左右的多余坯料。为了提高资源的利用率、避免重复炼钢，需要按照合同需求尽可能多地将余坯匹配给合同，采用人工设计进行后续调整的模式工作量大、效率低、易出错。此外，这些余坯在目前生产方式下仅能以最低级别产品出售，造成巨大的经济损失。以国内典型宽厚板生产厂为例，产品结构包括管线、船板、桥梁累计10余个产品系列，涉及超过2000个出钢记号，全年产生近200个小浇次出钢，超过2万吨余坯在现有生产方式下仅能以最低级别产品出售，不仅造成了巨大经济损失，而且过多的钢种造成了炼钢工序的复杂化，严重影响了生产效率和产品质量的持续提高。因此，企业迫切需要一种"大规模定制"生产模式，既满足用户对产品低成本、高质量、个性化的要求，又满足企业大规模高效生产的需求，以提高企业的竞争能力。

为此，项目团队在深入现场调研的基础上，采用热轧生成式工业大模型进行了高效余坯利用生产工艺的数字化设计。通过分析宽厚板产线现有的余坯系统，建立了余坯工艺柔性设计的对象库。在对余坯管控信息（包括订单规格信息、冶金规范信息、出钢记号标准等）进行归纳分类的基础上，采用智能化匹配寻优算法，根据合同订单和库存余坯的数据，考虑产品类别、合同欠量、交货时间、展宽比范围、成材率范围和板坯厚度范围等约束条件，建立了智能化余坯匹配准则。以最大化板坯利用率为目标，通过建立合同订单与余坯匹配间的对应关系，实现了根据合同查询余坯与根据余坯查询合同的双向高效查询模式。在该模式下，以生产组织的产能最大、余材最少、耗能最低为目标的多订单板坯自动设计，可给出余坯利用的建议，从而解决了依靠"人工设计+后续调整"的余坯利用模式带来的工作量大、效率低、易出错等问题。

项目团队通过热轧大模型系统计算，提出了余坯生产最优组织结构和性能指标的评价函数，建立了余坯"成分—工艺—组织—性能"的预判模型。在综合考虑细晶、析出、位错及相变等强化机制综合作用的基础上，提出了轧制工艺的柔性化设计方法。通过上述工作，开发出余坯利用与轧制工艺柔性化设计系统，可综合考虑余坯规格、化学成分以及与合同放行标准的匹配程度，进而提出了开展柔性化生产工艺设计的三种准则：（1）余坯规格、成分信息与合同规格及成分放行标准相符合。考虑成材率、压缩比、展宽比等因素，按照计划工艺进行生产，即可满足合同需求。（2）余坯规格、成分信息与合同放行标准不符合，但是经余坯成分—工艺—组织—性能预判模型判断，轧制工艺优化后可以满足合同标准要求，则结合余坯成分信息、规格信息、成分放行标准和性能放行标准，将工艺设计分为跨强度级别和跨厚度级别两种情况，基于热轧生成式工业大模型对其生产工艺进行再设计，以获取余坯生产所需的最优工艺窗口。（3）余坯规格、化学成分与合同放行标准不符合，经余坯成分—工艺—组织—性能预判模型判断，轧制工艺优化后仍无法满足合同标准要求，则不会给出特定余坯与该合同计划的匹配建议。

采用余坯利用与轧制工艺柔性化设计系统，针对典型钢种，在相同成分体系下实现了跨厚度级别和跨强度级别的轧制工艺柔性化设计，实际生产中产品力学性能合格率为100%，年减少60余次的小浇次出钢，从而在生产中初步实现了以大浇次出钢为主的"大规模定制"化生产。图1为国内某宽厚板生产企业基于热轧大模型的余坯利用与轧制工艺柔性化设计系统示意图。

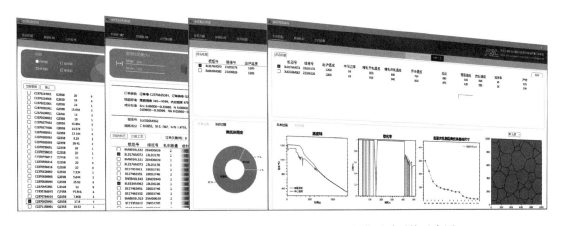

图1　基于热轧大模型的余坯利用与轧制工艺柔性化设计系统示意图

刘振宇

船板钢组织性能与表面质量一体化控制

我国船舶工业造船市场份额一直保持全球领先，至2023年，我国造船国际市场份额已连续14年居世界第一，造船完工量、新接订单量、手持订单量以载重吨计分别占世界总量的47.3%、55.2%和49.0%，造船大国地位进一步稳固。我国骨干船企有6家企业进入世界造船完工量、新接订单量和手持订单量的前10强；高端船型实现批量交船，10万吨级智慧渔业大型养殖工船等海洋工程装备实现交付。全年新接订单中绿色动力船舶占比达到49.1%，创历史最高水平。然而，我国高强船板钢综合质量与日韩等先进国家相比仍有不小差距，特别是在整体考虑力学性能、内部组织结构和表面质量方面，更是存在着诸多问题。比如，钢板不仅要求严格的强韧性，同时还要求钢板表面在去除氧化铁皮后无明显色差、麻坑等典型缺陷。但力学性能与表面质量在生产过程中往往处于矛盾的两极而难以调和，在实际生产中很难做到"内外兼修"。其根本原因在于，采用低温大压下虽然可提高热轧钢板强韧性，但易导致热轧钢板表面形成过多的红色氧化铁皮，对表面质量造成破坏，而表面氧化铁皮厚度与结构控制则应该避免钢板产生过大温差而导致热应力升高。再者，传统TMCP会因低温轧制产生残余应力而带来板形不良和剪裁瓢曲等问题。因此，必须综合考虑力学性能与表面质量才能制定出全局性优化工艺，但这种工艺经过多年实践摸索，至今仍无法突破覆盖全尺寸规格、全品种系列的工艺窗口，造成高强船板在船舶建造过程中，去除氧化皮后钢板表面存在如色差、麻坑等缺陷，属国内外共性难题，因为这些典型缺陷不仅会给大型船舶的涂装造成严重影响，甚至会导致船舶服役过程中船体的耐腐蚀寿命降低。

为了生产出既具有优良表面质量，同时又具有优良力学性能和内部组织结构的船板钢，项目团队采用热轧工业大模型系统优化了高强船板钢的生产工艺，在我国典型宽厚板生产线上生产出表面质量优异的海工钢及工程机械用钢等产品。钢板表面氧化铁皮厚度降低至 20~30 μm；与常规工艺相比，表面氧化铁皮与钢板的界面平直度大大提高，使抛丸处理后钢板的表面缺陷率与常规工艺相比降低75%以上；产品的表面质量明显提高，修磨率降低至1%以下，而国内外同类产品的表面修磨率均在2%以上。与此同时，由于优化了轧制与轧后冷却过程，消除了钢板显微组织中的带状组织，从而提高了钢板力学性能均匀性，为用户提供了"内外兼修"的高品质原材料。表面质量优异的海工钢也保障了我国极地凝析油轮及深海采钻平台等重大海洋工程的建造。工艺优化前后，高强船板钢显微组织结构与表面质量对比如图1所示。

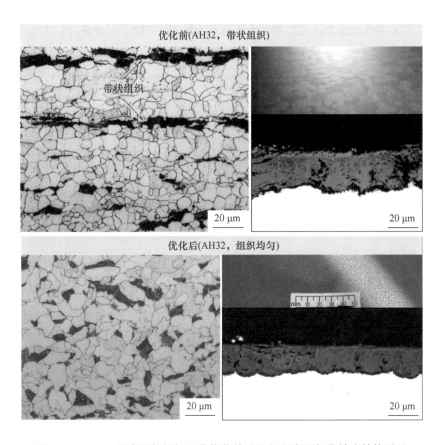

图1 32~36 kg级高强船板钢工艺优化前后组织和表面氧化铁皮结构对比

刘振宇

中厚板高效轧制工艺开发与应用

石油和天然气是现代工业和经济发展的重要支柱，从区域分布来看，石油需求主要在大西洋地区、亚太地区及工业发达的地区，而油气田则大部分在极地、冰原、荒漠、海洋等偏远地带。管道作为石油、天然气的一种经济、安全、不间断的长距离输送工具得到了巨大的发展，这种发展势头在将来的几十年中仍将持续下去。随着石油、天然气消费量的增长，石油、天然气输送管线的重要性越来越突出。管线钢的质量和性能直接关系到能源供应的稳定性，对保障国家能源安全具有重要意义。C-Mn 钢是我国量大面广的一种常用钢种，具有优良的强度、塑性、韧性等综合机械性能和低廉的成本等综合优势，广泛应用于汽车、建筑、机械、铁路等各个行业，为我国国民经济发展提供重要支撑。总之，作为中厚板企业最典型的钢种，如何高效优化高钢级管线钢和普通 C-Mn 钢生产工艺，对提高钢铁产量、加快生产节奏、提升企业盈利水平具有重要的意义。

针对国内某中厚板产线高钢级管线钢，项目团队通过对当前工艺进行分析调研，发现中厚板生产过程中存在以下问题：（1）加热温度过高，加热炉能耗大。加热温度冗余度过大，虽然能够保证 Nb 元素在奥氏体基体中完全溶解，但也带来能耗过高、生产节奏变慢、奥氏体粗化严重等问题。（2）粗轧至精轧待温时间过长，轧制效率低。在粗轧阶段，为了充分发挥再结晶轧制细化奥氏体晶粒的作用，现有轧制工艺将粗轧轧制温度设定过高，导致轧件入精轧机之前需要进行 210 s 以上的待温处理。

针对高钢级管线钢中厚板加热温度高、能耗大、中间坯待温时间长及轧制效率低等问题，项目团队采用热轧生成式工业大模型，围绕中厚板生产流程开发了高效轧制工艺。通过大模型全局优化，在保证 Nb 微合金元素完全固溶前提下，将钢坯出炉温度降低了 40 ℃左右。在粗轧阶段，在保证充分发生动态再结晶的前提下，轧制温度降低了 50~100 ℃，从而使精轧前待温时间由原来的 210 s 以上缩短至 120 s 左右。同时，为了缓解粗轧过程因温度降低而导致的轧制载荷升高，将粗轧总压下率与原工艺相比降低了 5%左右，精轧总压下率则与原工艺相比提高了约 4.5%，整体轧制负荷分配更加合理。最终，在力学性能和道次轧制负荷保持不变的基础上，使管线钢粗轧/精轧之间的待温时间缩短近 25%。工艺改进后，粗轧待温时间及轧制总时间分别缩短了约 90 s 和 100 s，铁素体晶粒尺寸由 9.5 μm 细化至 8.2 μm，析出相尺寸由 5.9 nm 细化至

2.8 nm。工艺优化后，虽然奥氏体位错强化强度略有降低，但细晶强化强度的提升可以对此进行补偿，产品的总强度基本不变，延伸率和−20 ℃冲击功有所提升，所有力学性能指标均满足客户要求。图1为基于热轧大模型开发的高强级管线钢高效轧制工艺及典型产品的力学性能检测结果。

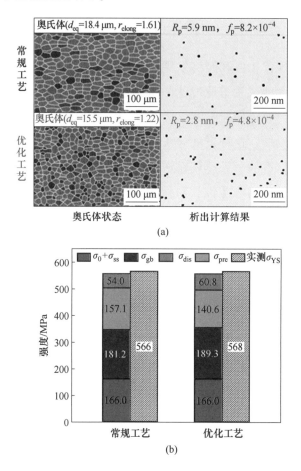

图1　基于热轧大模型的高强管线钢高效轧制工艺计算值与实际值对比

（a）常规工艺与优化工艺下的显微组织计算结果；

（b）基于热轧大模型的高级管线钢高效轧制工艺计算值与实际值对比

针对国内某中厚板产线 C−Mn 钢，项目团队通过对当前工艺进行分析调研，发现中厚板生产过程中存在以下问题：（1）粗轧温度高、待温时间长、精轧前晶粒粗大，存在能耗过高、生产节奏慢等问题。（2）精轧温度低、道次少，轧后奥氏体晶粒粗大且变形严重，相变会出现大量的带状组织。

针对 C−Mn 钢中厚板粗轧温度高、中间坯待温时间长、晶粒粗大及轧制效率低等问题，项目团队采用热轧生成式工业大模型，围绕中厚板生产流程开发了直接轧制工艺。通过大模型全局优化，在加热阶段将加热温度降低了 140 ℃，实现了节能降耗；

在粗轧阶段，合理分配轧制负荷使轧件产生充分再结晶细化效果；在精轧阶段，适度提高精轧温度促使奥氏体再次发生再结晶细化，从而避免因部分再结晶造成的组织不均匀性。最终，在保证性能要求的前提下，开发出高效直接轧制工艺。与常规控制轧制工艺相比，每块钢轧制时间至少减少 2 min，从而使整体轧制效率提高40%。采用优化工艺后，轧件中奥氏体组织均匀细化，相变后产生均匀细化的铁素体，使产品的力学性能指标满足客户要求。图 2 为基于热轧大模型开发的 C-Mn 钢直接轧制工艺，奥氏体组织状态以及室温显微组织和钢板力学性能预测值与实测结果的对比。

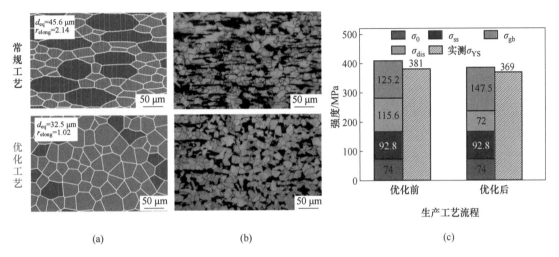

图 2　基于热轧大模型的 C-Mn 钢直接轧制工艺

（a）优化前后奥氏体状态；（b）工艺优化前后室温显微组织；（c）工艺优化前后钢板力学性能对比结果

刘振宇

热轧中厚板轧制、冷却工艺与装备的数字化与智能化案例

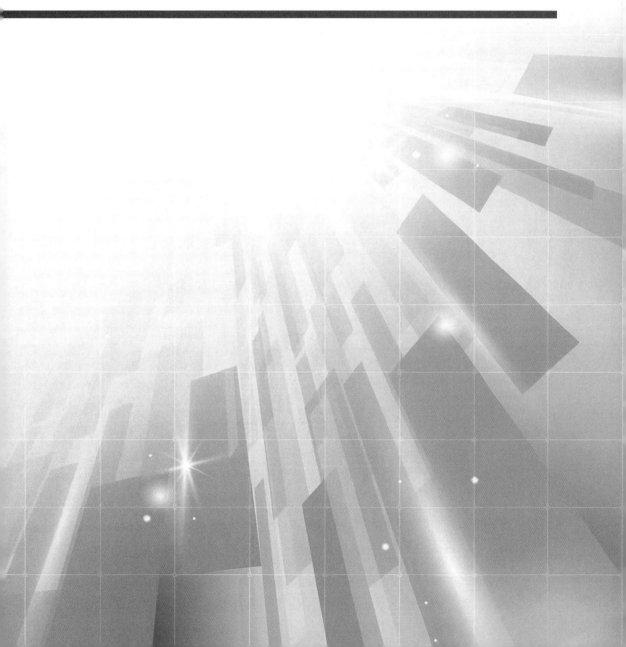

基于虚拟化平台的中厚板轧线自动化
系统开发与应用

中厚板轧线单体设备众多，在实现区域自动化和数智化转型过程中，各个区域需要部署专门的计算机服务器。但随着近年来信息技术的发展，智能化应用范围的扩展，以及 CPS 系统的部署、云计算和云应用的推广，中厚板轧线原有的多区域各自独立的控制系统结构已经难以满足需求。另外，传统自动化系统与底层硬件之间形成了"烟囱"结构，软硬件之间的强耦合关系导致资源利用率和效率低下，服务器 CPU 和内存的使用率不高，空余的资源得不到释放，且在线服务器出现故障时，切换备用服务器存在耗时长、数据丢失等问题。

东北大学 RAL 实验室中厚板自动化课题组针对上述问题开展探索和应用研究，利用虚拟化技术构建了一套适合中厚板轧线的虚拟化平台，该平台不仅可以实现传统系统平台的全部功能，还具备硬件资源利用充分、系统扩展方便、故障点少、应用迁移灵活等优点。

1　虚拟化平台技术

虚拟化平台采用先进计算机技术来实现高效、灵活和可靠的云计算环境。通过虚拟化软件将多个物理服务器的计算核心——CPU 和内存整合成虚拟化计算资源池，承担着"计算"功能，根据不同虚拟机的用途分配其合适的计算资源，确保不同虚拟机对应的应用都可以完美运行。基于软件定义的计算资源可以实现动态调度和分配，根据虚拟机的实际需求灵活分配，最大限度地实现物理计算资源的高效利用。基于软件定义的存储架构可以实现统一的虚拟化存储接口，并同时提供跨厂商平台的镜像、快照、瘦分配、远程容灾复制等高级功能。

通过虚拟化软件定义虚拟网卡和分布式虚拟交换机，虚拟机对外通信通过虚拟网卡实现，分布式交换机的一端是与虚拟机相连的虚拟端口，另一端是与虚拟机所在主机上的物理以太网适配器相连的上行链路。通过它可以连接主机和虚拟机，实现系统网络互通。

2 基于虚拟化平台的中厚板轧线自动化系统设计

虚拟化平台架构搭建灵活，典型配置采用 4 台物理服务器，2 台外置集中式存储，2 台存储实现双活功能或采用分布式存储实现多副本数据保存，如图 1 所示。这种架构的设计支持自动化系统的大规模计算需求，可以提供强大的计算能力和处理速度，并为数据的安全性和可靠性提供保障，保证系统的高效运行。

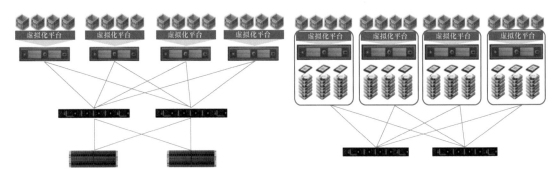

图 1 虚拟化平台架构示意图

中厚板全线自动化系统可全部集中到该平台上，包括加热炉自动化系统、轧机自动化系统、轧后冷却自动化系统、矫直自动化系统、冷床自动化系统、切头剪自动化系统、双边剪自动化系统、定尺剪自动化系统、喷印自动化系统、收集自动化系统以及各个系统的客户端。这些系统之间通过虚拟化网络直接进行通信，提高了系统间的通信速度和通信稳定性，同时也为各自动化系统与 MES、CPS 系统提供了统一的接口方案。

图 2 为某中厚板轧线基于虚拟化平台的自动化系统网络架构，在虚拟化平台内集成了全线的数据服务器、二级服务器、HMI 服务器，同时对全线的操作客户端进行了虚拟化，生产操作人员只需通过瘦客户端或云桌面便可以便捷地访问虚拟平台内客户端。虚拟化平台对于数据、计算与通信资源的整合不但降低了远程访问的硬件能力需求，而且也提高了数据的高速通信能力与安全性。随着智能化技术在中厚板轧线的逐步投用，虚拟化平台的灵活升级与拓展能力也为产线的智能化改造与升级提供了强力支撑。

3 实际应用

目前，虚拟化平台技术已经成功应用于国内的普阳三条中厚板生产线、三明中板线、新天铁中板线。基于虚拟化平台的中厚板自动化系统具有稳定性强、故障点少、

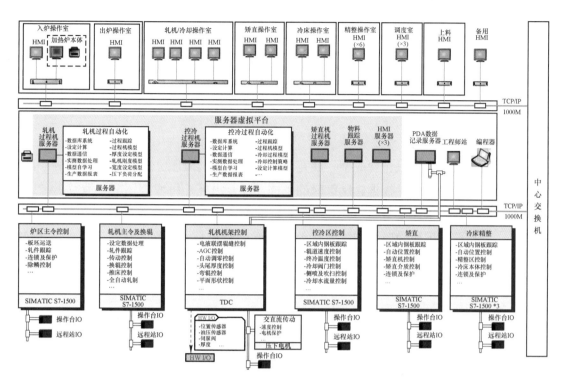

图2　基于虚拟化平台的中厚板轧线自动化系统网络

扩展方便、维护简单，服务器硬件资源利用率高，重复投资少，无须改动原有过程控制系统等优势。同时也可作为新兴的 CPS 系统、云计算和云应用的边缘节点，为中厚板产线进一步的数字化、智能化提供了便捷的扩展平台。

矫志杰

数据驱动的中厚板轧机自动转钢系统研发与应用

中厚板轧制过程一般包含成型、展宽和延伸 3 个轧制阶段，板坯在展宽阶段的前、后都需要进行转钢操作。根据轧制策略的不同，除全纵轧外每块板坯都要涉及 1~2 次的转钢过程，转钢操作是中厚板轧制生产的必备环节，转钢控制时间也是影响产量的因素之一。目前，国内中厚板产线的自动化程度已经很高，特别是在轧区基本已经实现自动化控制，唯有转钢操作仍需要人工频繁进行干预。自动转钢控制可使中厚板生产过程实现真正意义上的自动轧钢，减少人为干预，提高生产效率，使生产工艺过程具备足够高的重现性和精确性。

目前国内外自动转钢技术仍处于研发阶段，国内有少数中厚板厂家开展了自动转钢的应用实践，但自动转钢的效率和对异常复杂工况的处理仍不够理想。

东北大学轧制技术及连轧自动化国家重点实验室（RAL）针对自动轧钢系统对于自动转钢功能的迫切需求，搭建自动转钢实验平台并依托中厚板生产线开展了自动转钢系统的研发工作。基于机器视觉技术开发出适应复杂生产环境下的钢坯角度测量方法；建立自动转钢数字化模型，通过智能模型自适应学习操作工转钢的控制过程，根据钢坯信息给出合理的转钢控制策略。研发的成套自动转钢系统已经成功应用于现场。

1 自动转钢实验平台

为实现对转钢过程坯料图像检测算法测试，寻找更好的转钢控制策略，在实验室开发了自动转钢实验测试设备。通过对生产现场转钢辊道的按比例缩小复制，复现了中厚板锥形辊道的转钢控制功能。转钢实验平台安装有高速工业相机，可对坯料的位置与角度追踪算法进行完整测试，实验平台辊道正转、反转与转钢过程均与生产现场控制功能保持一致，在此转钢实验平台上可完整模拟生产环境。基于转钢实验设备完成了钢坯角度检测软件开发、自动转钢控制策略和控制模型的应用测试，为转钢控制系统的实际应用提供了良好的研发支撑条件。

2 基于机器视觉的自动转钢检测系统

以高速工业相机采集钢坯实时图像，基于图像仿射变换、灰度自适应增强、阈值分割、亚像素边缘拟合与角度平滑等算法，开发了自动转钢检测系统，如图 1 所示。该系统能够适应生产过程中的复杂环境变化，自动剔除水汽干扰和角度异常情况，系统的检测时间周期不大于 20 ms，检测精度偏差不大于 ±0.5°，可为自动转钢控制系统提供实时、稳定的角度检测值。

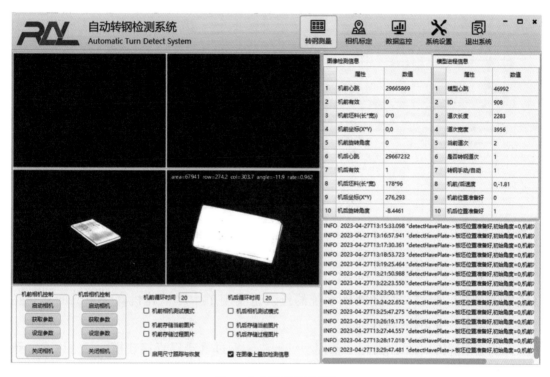

图 1　自动转钢检测系统

3　数据驱动的自动转钢控制系统

提升转钢效率是自动转钢系统的研发目标。基于机器学习算法，以转钢时间为约束条件，通过对操作人员转钢经验的采集与处理，开发数据驱动的自动转钢控制模型。针对转钢异常问题，基于对转钢过程操作经验的数据挖掘，以强化学习算法辨识异常情况特征，快速搜索最优转钢策略，通过智能判断满足异常情况下快速转钢的要求。通过对转钢全过程控制步序交接的柔性处理，融合数据驱动的自动转钢模型，开发了自动转钢控制系统，如图 2 所示。

4　实际应用

自动转钢系统已在宝钢湛江 4300 mm 宽厚板生产线和新天铁 2500 mm 中厚板生产

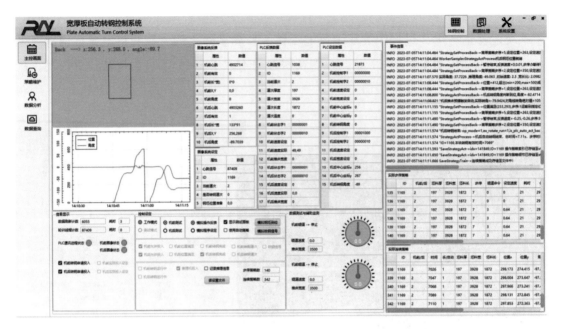

图 2　自动转钢控制系统示意图

线成功应用。基于转钢全过程的智能调控在最大限度上减少了时间浪费，使转钢过程总体更加稳定、流畅。自动转钢系统的投入也实现了中厚板轧机真正意义的全自动控制。

实际应用表明，采用数据驱动模型可解决转钢过程难以直接建模、复杂因素导致控制过程效率不高的问题。后续还需要基于自动转钢系统平台大量采集实际数据，通过数据驱动算法对生产大数据进行深入挖掘。特别是针对转钢异常情况，通过机器学习算法对异常特征进行快速、精确辨识，利用数据驱动模型的自组织优化能力寻找最优转钢策略，进一步提升自动转钢效率。

矫志杰

中厚板转钢角度自适应测量方法
研究与应用

中厚板转钢过程的自动控制是基于钢坯的实际角度进行反馈控制的，钢坯角度的高精度识别是自动转钢控制的核心。目前，对于钢坯角度的测量常基于图像处理技术，在轧机旁合适位置安装高速工业相机对钢坯进行图像采集，利用图像处理算法获取钢坯的转角。但在实际生产过程中，采集的钢坯图像可能会受到环境中水汽等因素的干扰，传统的图像判断处理算法由于考虑因素较少，难以适应实际环境，无法获得连续稳定的钢坯角度变化，使得转钢控制由于缺少钢坯角度的精确反馈值，导致自动转钢控制过程的失败，直接影响了自动转钢的投入率。

东北大学轧制技术及连轧自动化国家重点实验室（RAL）针对自动轧钢系统对于钢坯角度高精度检测的迫切需求，开发了适应复杂生产环境下的钢坯角度测量方法，通过图像算法的改进与角度跟踪算法的开发减少环境因素对于转角测量的干扰，平滑转钢过程钢坯角度的变化，为中厚板自动转钢控制提供支撑，提高了轧制过程的自动化、智能化水平，使生产工艺过程具备足够高的重现性和精确性。

1 钢坯图像自适应增强技术

轧制过程中辊道冷却、高压水除鳞等过程产生的水汽对钢坯表面产生干扰，造成钢坯表面亮度严重不均匀，由于水汽遮挡过程是动态变化的，获取钢坯表面区域的阈值分割算法难以确定合适的阈值，导致获取的钢坯表面区域与实际相差太大，使得角度测量无法完成。针对宽厚板轧制过程中钢坯被水汽遮挡的情况，开发了针对灰度图像的自适应增强算法，以获得稳定的钢坯表面区域。自适应增强算法通过迭代方法逐步提高被干扰区域的亮度从而寻找钢坯表面区域，其流程如图1所示。

对采集的原始钢坯图像在自适应增强处理结束后，可得到分割区域形状接近矩形的钢坯表面，受到水汽干扰导致表面严重明暗不均的图像经过处理后其表面亮度均匀性得到了明显提高，使得分割阈值具有较宽的选择范围。图像迭代增强算法自动适应了水汽干扰条件下的钢坯检测，为后续角度的高精度测量提供支撑。

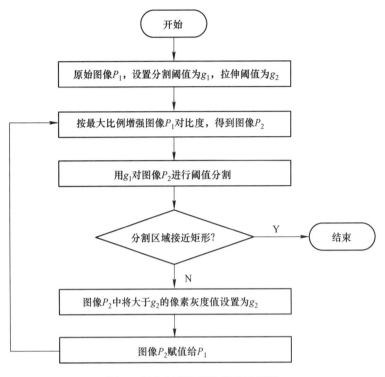

图 1　自适应图像增强算法流程图

2　钢坯角度平滑处理技术

从图像中提取出钢坯表面区域后，常利用最小外接矩形拟合方法计算钢坯位置与角度信息，由于受到钢坯部分遮挡等因素的影响，拟合算法在执行过程中可能会出现角度测量跳变的情况，影响了转钢的实时控制过程。

为消除角度检测的不稳定现象，开发了基于"先入先出"的队列管理方法对钢坯角度进行跟踪，利用队列中钢坯转角的时序逻辑关系对角度进行平滑处理，避免角度检测失败对转钢控制的影响。在启动自动转钢控制后，每个检测周期按照"先入先出"的队列管理方法对钢坯旋转角度进行跟踪，钢坯检测角度在加入队列之前，首先利用队列中已存储的前序信息对角度进行综合判断，如果满足连续条件才允许加入队列，实现对钢坯角度平滑与检测失败的自适应处理。根据队列中前序 N 组测量信息建立预测模型，用来判断当前检测角度是否正常。基于跟踪队列对测量角度的平滑处理过程如图 2 所示，对于出现钢坯被遮挡造成的长、短边检测错误导致的角度跳变情况、保护时间内检测失败的情况，使用角度平滑处理算法均可以得到有效、可信的反馈角度。

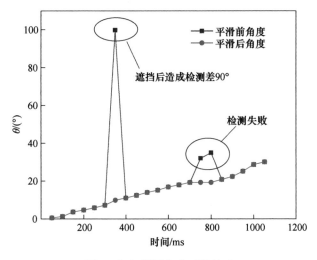

图 2　钢坯测量角度平滑处理

3　实际应用

以高速工业相机采集钢坯实时图像作为检测对象，基于图像仿射变换、灰度自适应增强、阈值分割、亚像素边缘拟合与角度平滑等算法，开发了转钢过程钢坯角度检测系统，自动转钢检测系统实现了对于机前、机后钢坯的位置、角度实时提取，能够适应生产过程中的复杂环境变化，自动剔除水汽干扰、部分遮挡和角度异常等情况，钢坯角度检测平滑、准确，能为自动转钢控制系统提供实时、稳定的角度检测反馈值。

基于钢坯转钢角度自适应测量检测系统已在宝钢湛江 4300 mm 宽厚板生产线和新天铁 2500 mm 中厚板生产线自动转钢系统中成功应用，钢坯转角的高精度测量为自动转钢控制模型提供强力支撑，使得自动转钢过程更加稳定、流畅，实现了对中厚板轧机的全自动控制。

矫志杰

中厚板非稳定段厚度自适应控制技术研发与应用

中厚板轧制具有坯料短、道次变化频繁、温度不均匀、咬钢冲击大以及产品品种、规格多等特点，这些特点影响了厚度的高精度控制，使得传统的基于反馈控制的 GM-AGC 模型的厚度控制精度难以进一步提升。利用中厚板可逆轧制的特点，对整个轧制过程中轧件的加工历程信息进行跟踪，在控制器中开辟存储区记忆上道次与轧件轧制长度对应的厚度信息，开发多点平滑设定模型，利用已知信息对后续道次进行智能化修正，在传统的绝对 AGC 控制模型基础上，特别针对厚度头尾、"水印"等厚度急剧变化区域进行自适应厚度前馈控制，减少非稳定段的厚度偏差。

1 非稳定段厚度分布特点

中厚板在可逆轧制过程中，受到温度分布影响，纵向轧制力分布是不均匀的，特别是在温度梯度差异较大区域，轧制力随之波动，导致短时间内轧机的弹跳量剧烈变化，从而引起厚度偏差，传统的 GM-AGC 模型难以进行精确补偿。当轧件较厚时，头尾温度与中部温度差异很小，轧件的最大轧制力发生在加热炉加热时的黑印处；当轧件逐渐轧薄时，由于头尾的冷却速度要大于中部，头尾与中部的温差逐渐增大，此时的最大轧制力常发生在头尾两端，即厚度非稳定段的趋势根据生产情况不断在变化。

2 头部非稳定段厚度自适应控制技术

传统的头部前馈补偿方法是在钢板咬入前，利用液压系统使辊缝多压下一固定值，轧件咬入后逐步以线性方式将辊缝恢复至正常设定值。这种方式补偿参数需要人工根据生产条件不断进行调节，头部附近厚度分布经常出现凹陷现象，导致成品改判。

根据中厚板轧机可逆轧制的特点，开发了基于前序道次轧件尾部的厚度分布曲线对当前道次轧件的头部厚度的补偿方法，根据咬入长度值在补偿曲线中寻找相应的头部补偿值进行头部的前馈控制，即在上一道次轧制过程中记忆轧件的尾部厚度分布，依据跟踪的对应关系，对当前道次的头部厚度施加前馈控制，如图 1 所示。由于头部厚度补偿长度和补偿曲线是根据实际采集数据自适应学习得到的，因此相比传统方法其控制精度得到了极大提高。

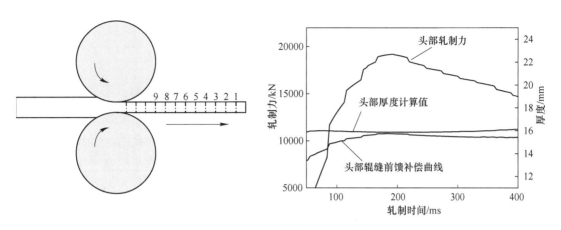

图 1 头部非稳定段厚度自适应控制技术

3 道次间加工历程信息智能化处理技术

GM-AGC 反馈控制系统根据轧制力、辊缝等数据的变化在线计算钢板的厚度，并与目标设定值比较，驱动液压系统消除厚度偏差。但对于类似"水印"等因素影响的轧制力急剧变化区域，由于液压系统的响应速度限制导致这一区域的厚度偏差调节能力差。在已知钢板纵向厚度分布的基础上进行下道次的 AGC 调节时，以钢板的纵向厚度分布作为入口厚度，将预先获得的入口厚度信息加入厚度控制中作为前馈，缓解液压系统调整不及时的问题。

在 GM-AGC 系统中增加利用前序道次纵向厚度信息进行前馈厚度控制的功能，可以对类似"水印"等因素导致的钢板厚度急剧变化区域进行较好的智能化厚度控制，减少了厚度偏差。图 2 为通过可逆轧制过程对"水印"位置进行跟踪后的补偿曲线，基于厚度前馈控制方案解决了钢板在非稳定段厚度急剧变化、厚差难以控制的难题。

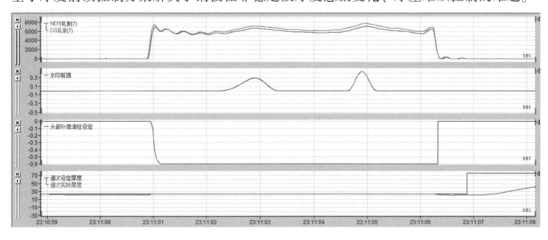

图 2 非稳定段前馈控制曲线与控制效果

4　实际应用

目前中厚板非稳定段厚度自适应控制技术已经成功应用于三明、柳钢、普阳、新天铁等多条中厚板生产线。实际应用表明，通过对中厚板可逆轧制过程道次加工历程信息的智能化分析，开发了针对轧制过程中非稳定段的厚度波动自适应计算前馈设定模型，提高了同板差、异板差控制水平。以高精度的长度跟踪算法与厚度采样点的平滑处理方法开发中厚板非稳定段厚度自适应控制方法，解决了轧件在小范围内厚度急剧变化所导致的厚差难以控制的难题，对于中厚板产品的成材率的进一步提高具有重要的实际意义。

矫志杰

中厚板轧机平面形状控制智能优化 CPS 系统的开发

中厚板多阶段轧制的生产工艺特点决定了如果坯料的坯型不合理，最终成品会有较大的头尾和边部不规则形状，影响成材率。平面形状控制是使中厚板最终产品矩形化，减小切头尾和切边损失，提高成材率的有效方法。平面形状控制的基本思想是对轧制终了的钢板形状进行定量预测，依据"体积不变原理"，将缺陷部分体积换算成在成型阶段和展宽阶段最末道次上给予的板厚超常分布量，该超常厚度分布量用于改善最终的产品矩形度。

平面形状控制是提高宽厚板轧制成材率的重要手段，最具代表性的技术为日本川崎制铁公司水岛厚板厂开发的 MAS 轧制法。国内科研人员从 20 世纪 80 年代开始跟踪该技术，开展理论和应用方面的研究工作。

1 平面形状控制智能优化技术研发背景

当前钢铁行业的竞争日趋激烈，各宽厚板企业都在着力提升生产技术水平、降低生产成本、提高产品竞争力。如何结合最新的智能化和数字化技术进一步提高平面形状技术的控制效果，是当前的技术发展趋势。东北大学轧制技术及连铸自动化国家重点实验室（RAL）在轧区通过机器视觉检测对平面形状控制效果进行数字化描述，获得实时的控制反馈，并采用基于大数据的机器学习方法构建平面形状控制的数字孪生模型。通过开发中厚板轧机平面形状控制智能优化 CPS 系统，进一步改善平面形状控制的设定精度和控制效果。

2 中厚板平面形状的机器视觉检测

为了能够对轧后钢板的平面形状控制效果进行及时反馈，将工业相机安装在轧机出口处进行图像采集，如图 1 所示。通过高速网络与工业相机的连接，采集钢板图像数据，基于图像识别技术获取钢板的头部形状和尾部形状的边缘数据，识别结果存储在本地磁盘。

在中厚板轧区采集钢板图像的过程中，由于不同道次的钢板温度不同，不同时间的车间环境明暗等因素，会使采集的图像质量受到影响。传统的图像处理算法对所采集的钢板图像进行识别过程中难以选择合适的固定阈值，导致无法准确提取每一张图像中所需要的钢板区域。采用自适应阈值调节的钢板图像处理方法可获得较好的图像检测效果。

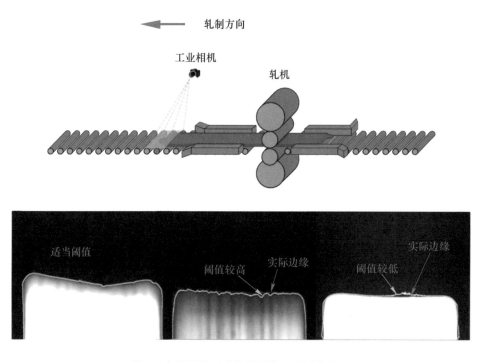

图 1　中厚板平面形状检测装置和图像处理

3　中厚板平面形状控制 CPS 系统的研发

通过图像处理算法，可以实时获取钢板的头尾形状对称性、剪切长度、剪切面积和评价指标，测量结果直接与轧制工艺相关联匹配，采用机器学习算法对终轧钢板图像进行深度学习，建立不同轧制工艺条件下的平面形状特征描述方法。以生产数据与工艺机理混合驱动模型为支撑，通过对生产过程的海量数据实施数据挖掘算法，获得生产工艺参数与平面形状特征间的非线性叠加关系；以机器视觉反馈评估规则作为评价目标，通过迭代优化计算，获得以成品的成材率为约束条件的最优工艺控制参数，实现对平面形状特征控制参数的自主学习优化，形成了平面形状控制闭环数据流。中厚板轧机平面形状控制智能优化 CPS 系统功能模块如图 2 所示。

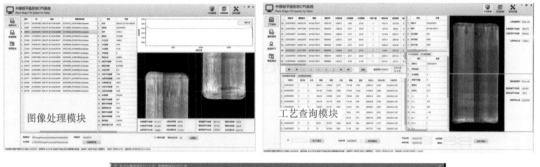

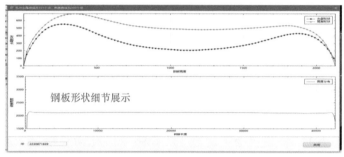

图 2　中厚板轧机平面形状控制智能优化 CPS 系统功能模块示意图

4　实际应用

东北大学开发的中厚板轧机平面形状控制系统已经应用于福建三钢中板、唐山中厚板、首钢京唐、普阳中厚板、柳钢、南钢中板、新天铁等国内十余条中厚板生产线，并取得较好效果。最多可提高综合成材率超过 1%。

矫志杰

炉卷多模式柔性化超快速冷却控制系统

宽幅薄钢板作为中厚钢板高端产品，是国民经济发展的重要原材料，已广泛应用于基础建筑、工程机械、交通运输、能源环保、国防军工等重要国民经济领域。炉卷轧机生产宽幅薄规格钢板，可以利用主轧机前后的卷取炉进行在线保温处理，在降低薄板轧制过程温降影响的同时实现形变和温控同步耦合控制，保证轧件温度分布、尺寸精度和组织性能的均匀性，生产效率高，具有明显的工艺优势。

东北大学依托山东钢铁集团日照有限公司 3500 mm 炉卷产线，首次研发了中厚钢板"卷轧+飞剪+预矫直+超快冷"的微张力调控柔性化无缝衔接冷却技术，突破了多工序微张力衔接、速度匹配、高精度微跟踪、复杂生产模式耦合等系列控制难题，实现了超长板、多子板无缝衔接的高效连续化生产；针对薄板炉卷轧线工艺特征，开发出窄间距密集型射流冲击超快速冷却系统，适应灵活多变的生产模式，保证冷却均匀性。

1　窄间距密集型射流冲击超快速冷却技术

针对薄板炉卷轧线工艺特征，东北大学通过数值分析和实验研究相结合开发出高均匀化冷却系统。集管布置高密度化，独立控制单元间距仅为 0.8 m，DQ 工艺钢板全板面温差在 30 ℃内，经热矫直后平直度达到 3 mm/m，一次板形合格率 90% 以上，同板性能波动 40 MPa 以内。

1.1　多束射流动态冷却过程仿真

轧后冷却是改善钢板性能的关键环节之一，为了改善冷却均匀性，建立了冷却过程射流冲击仿真模型，研究了高密度交叉排布条件下的流场状态，对不同倾角的叉排模型分别进行仿真模拟研究。仿真结果表明，在倾角 0° 条件下，垂直射流冲击钢板表面后形成沿钢板表面的平行流，平行流流速沿冲击点向外呈对称分布。当倾角为 45° 时，顺向流速明显大于逆向流速，且干涉区的流速有所增大。湍流动能分布与流速相类似，倾角增加，干涉区冲击压力以及冲击面积明显增大。

此外，高密度交叉排布条件下，换热获得了较高的 MHF，并且叉排条件下热流密度峰值受到相对运动速度的影响较小。同时，整体的冲击均匀性、稳定性更好，说明相高密度叉排布置喷嘴有利于提高冷却强度，改善局部换热均匀性，保证了冷后板形的平整度，如图1所示。

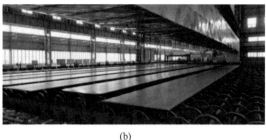

(a)　　　　　　　　　　　　　　　　　(b)

图1　X70（a）和 Q550D（b）冷后板形照片

1.2　基于数据挖掘与深度神经网络的控冷模型的研究

基于数据挖掘技术的温度控制方法是在每块钢板冷却结束后，通过随机森林以及聚类算法选择出符合要求的高标准冷却规程，挖掘出各层别对应的流量、开启集管数、速度等冷却参数，存入标准规程库中。当冷却二级系统接收到待生产钢板 PDI 信息时，通过灰色关联度函数的计算，在标准规程库中查找出与待生产钢板最接近的若干标准案例，分配权重计算出最终的相关冷却规程信息，作为待生产钢板的冷却规程，并发送至基础自动化控制系统。

标准规程库中所存储的标准案例信息经归一化后可形成序列化数据。通过计算的邓氏灰色关联度 ε_i，选择出与 PDI 最接近的板坯标准案例（K 条案例），对这 K 条案例按照距离当前生产时间越近权重越大的方法，分别赋予不同的权重，最终计算得到的冷却参数即为当前钢板需要设定的参数。

基于高质量的数据，建立深度学习网络，进一步训练冷却控制模型。其输入层节点设定为9个，分别为板厚、C 含量、Cr 含量、Cu 含量、Mn 含量、冷却水温度等，选取冷却时间为输出层节点。经过对比实验，优化算法选择 Adam 算法，激活函数选择 ReLU 函数，正则化方法选择 L2 正则化和 Dropout 正则化并用。

模型构建完成后，需对其预测能力进行检验，描述其泛化能力。本文使用的评价指标为均方根误差（Root Mean Square Error，RMSE）。经过多种模型耦合并结合经验优化，发现卷轧冷却温度控制的精度和均匀性得到明显改善。经现场数据统计，冷后返红精度±20 ℃内命中率达到95.7%，扫描高温计采集的全板面温度均匀性约±30 ℃，如图2所示。

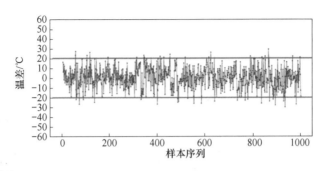

图 2　现场冷后返红温度偏差统计

2　"卷轧+飞剪+预矫直+超快冷"的微张力柔性化生产技术

为了改善宽幅薄钢板在线淬火的板形质量，该炉卷产线创新性地在卷轧机与超快速冷却装置之间布置了预矫直机。薄规格轧件轧制过程中长度最大可达 450 m，远超出轧线长度，因此在抛钢道次，研发卷取炉—轧机—预矫直机的微张力控制模型，实现卷轧、飞剪、预矫直、超快冷的线速度同步。

东北大学依据卷轧产线特点，结合轧机、飞剪、预矫直机等控制系统，协同解决原进口控制系统无法实现同板各工序无缝衔接生产的难题。超快冷系统根据轧件品种的冷却需求，通过模型计算出轧件经过超快冷阶段的线速度，并将结果同步到轧机系统。轧机系统根据超快冷需求的线速度，一方面，通过二级计算出轧机的入口侧咬钢速度，并发送给卷取炉，卷取炉以此速度为基准，通过控制卷取炉转毂转速和夹送辊，在轧机和卷取炉之间建立微张力，确保抛钢道次轧机入口侧稳定送钢；另一方面，轧机依据超快冷速度作为轧机出口速度，计算轧制时的轧制速度，并将超快冷速度发送给预矫直机，预矫直机依此速度为基准，设定矫直机的矫直速度，使轧机和矫直机之间建立微张力，解决了轧机与预矫直机的速度匹配难题，同时确保在线淬火板板形和性能达标。在此基础上，开发出包括多坯平轧、超长板连轧、飞剪多子板等 12 种冷却生产模式，如图 3 所示。

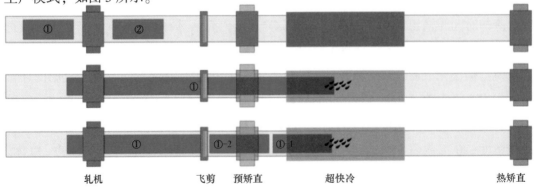

轧机　　　　　　　飞剪　预矫直　　　超快冷　　　　　　热矫直

图 3　多种复杂模式下的控制策略示意图

3 基于机器视觉的多板全流程精细化微跟踪技术

钢板跟踪是热轧生产过程中贯穿加热炉、轧机、冷却和矫直机等自动化系统的重要组成部分。传统的跟踪逻辑及数据主要依赖于现场的检测仪表和传感器等，如热检、冷检、光电开关和速度变送器等。而在实际生产过程中，钢板由于摩擦、碰撞及惯性等原因，其真实速度与辊道转速并不完全匹配，同时水汽、热辐射等因素会干扰冷/热检等仪表信号，这些问题都会导致钢板的计算位置与真实位置存在较大误差，甚至会扰乱各系统的模型计算，进而影响生产节奏和产品质量。

卷轧具有长而连续的特点，尤其是飞剪切分后涉及多子板区分跟踪是生产控制的难点。为了充分发挥卷轧优势，东北大学首次采用机器视觉替代传统热金属检测仪进行钢板微跟踪，首次实现单坯60块子板链式连续化生产控制。在现场架设多台高速工业摄像机，结合深度神经网络与动态图像分割算法，对钢板头尾实时检测定位，与上下游系统建立跟踪队列，实现区域化的钢板微跟踪，避免单点局部监控盲区，达到实时精准控制，提高整体自动化与智能化水平。

（1）图像去噪。由于现场工况复杂，采集的原始图像数据存在大量噪声，这让后续的图像分割、特征提取与识别环节存在困难。预处理的目的是使图像更加清晰，突出目标特征，并能保留图像的边缘和细节，以改善图像质量，便于后期的图像特征提取和识别。本项目研究图像质量时使用峰值信噪比评价算法的去噪能力，描述滤波后图像失真程度，峰值信噪比越小，失真程度越大，图像劣化程度越大，效果越差。

（2）图像分割。图像分割的目的是提取图像中目标所在区域或需要处理的区域，这些区域通常具有相对于图像背景的显著特征。本项目主要采用边缘检测和自适应阈值法。在处理灰度分布不均的图像时，边缘检测算法效果一般，出现大量伪边缘。自适应阈值法能较好分割出钢板目标，且用于定位功能的轮廓边部比较明显，符合实际定位需求。本项目的图像分割模型中自适应阈值算法权重更大。

基于上述主要研究内容，结合现场经验的钢板特征，采用机器视觉的钢板跟踪技术可有效降低或消除水汽、背景物体及其他光线对钢板识别检测的干扰。如图4所示，现场应用表明，50 m范围内的钢板跟踪位置精度约0.1 m，多子板间距控制小于0.5 m，该技术实现了多块钢板连续生产的微跟踪，减少了原来跟踪采用的单点检测带来的误差。

4 薄规格钢板"卷轧+预矫直+在线淬火"的工艺应用

轧后直接淬火技术作为一种有效利用轧后余热、有机结合变形与热处理工艺的新

图4　基于视觉的卷轧多子板微跟踪

技术，能有效改善钢板综合性能、大幅降低生产能耗和缩短产品制造周期。与热处理离线加热淬火钢相比，在线直接淬火工艺由于省去再加热工序而节省能源，提高了生产效率和热处理设备的利用率，从而大幅降低吨钢成本，实现了减量化生产。

东北大学利用多种强化方式的综合作用机制，充分挖掘热轧工艺的潜力和作用，在组织调控及生产制造方面突破了传统 TMCP 技术冷却强度的局限以及大量添加微合金元素的强化理念，针对不同的组织性能要求通过高冷却速率及轧后冷却路径的灵活、精准控制，实现"以水代金"的绿色强化理念，在组织性能调控方面显现出强大的技术优势。在线直接淬火技术作为卷轧产线在线冷却的核心工艺，实现了热轧板中厚板减量化生产和高端特种钢材产品突破。

基于超快速冷却设备，开展了在线直接淬火工艺研究，充分考虑钢种成分、加热制度、轧制变形、在线淬火冷却、预矫直机等各工艺参数对后续生产产品组织和力学性能的影响，在冶金工艺原理的基础上分析讨论了影响性能和板形波动的主要影响因素，指导制订合理化工艺方案，重点解决了薄规格钢板整板性能均匀性、板形波动和强韧性匹配等问题，实现薄规格高强钢 DQ 工艺开发与应用，不仅节约了二次加热成本，同时充分利用控制轧制过程中变形能量和位错缺陷的累积，在后续大强度冷却过程中增加相变形核点，实现产品组织均匀细化，从而改善了产品的力学性能。该技术已应用于高强钢、耐磨钢、储罐容器钢、船板钢、水电钢等钢材，形成了一整套绿色、低成本、高效率的调质钢生产流程。

王丙兴　田　勇

基于"轧制-冷却"耦合工艺的中厚板
温控形变控制技术

中厚板在海洋平台、造船、核电、压力容器、建筑及重要结构部件都有着重要应用。随着技术的发展,市场对中厚板提出了更大规格、更高质量的要求,但是采用传统的生产工艺很难对中厚板的内部质量有较大的提升。一方面是由于设备能力和轧制压缩比的限制,传统工艺的轧制变形难以渗透到轧件心部,内部金属塑性变形程度小,组织容易粗化,并且板坯的内部缺陷难以消除;另一方面是在随后的轧后冷却过程中,由于大厚度钢板的内部冷速很小,阻碍了晶粒细化或相变强化的效果,导致内部组织粗大,厚度方向性能均匀性差。

国际上,日本 JFE 研发出一种近轧机位附属快速冷却的装置,提出一种在轧制过程中插入高强度水冷的生产工艺,称为"超级控轧"(Super Control Rolling, Super-CR)。该方法可通过轧制过程中的冷却控制,形成轧件的厚度方向温差轧制来提高轧制变形渗透性。在国内,东北大学率先提出基于"轧制-冷却"耦合工艺的中厚板温控形变控制技术,在轧机机架上或近机架布置超快速冷却装置,该装置具备中间坯冷却功能,可有效地缩短待温时间并提高轧制效率。同时可以在任何需要的道次、轧制过程进行轧件的高强度的超快速冷却,也称为"温控形变耦合"工艺。该工艺不需要特殊的安装空间和额外的冷却时间,提高了控制轧制的冷却效率和空间利用率。同时,由于冷却过程分配到各个道次上,可以与轧制过程相配合,进行轧制过程中的精细化冷却路径控制。"温控形变耦合"轧制工艺的一个重要作用是实现板坯厚向的大温度梯度轧制,即轧制过程中边强冷边轧制,温降来不及深入到轧件内部,形成厚向表面温度低,板坯心部仍维持较高温度现象。这样,轧制时板坯上下表面温度低于中心,变形抗力大,不容易发生变形,而板坯中心温度高,容易变形。这种大温度梯度轧制会促使变形效果深入到轧件心部,有利于消除板坯内部缺陷,为钢材性能的改进提供了新的空间,同时可减少轧件侧向的双鼓形缺陷,避免边部折叠等缺陷,减少边部切损,提高成材率。

1 轧制工艺对变形渗透的影响

与温控耦合的轧制工艺对金属内部温度场、金属横向流动及厚向等效应变分布的影响，与传统轧制有很大区别：随着轧制温度的降低，轧件的宽展量得到增加。常规工艺下，随着轧制温度的降低，近表层金属更难变形，而心部等效变形程度变化差别不大，说明在该常规轧制条件下，厚向变形难以渗透到心部。与常规工艺相比，温控形变工艺下随着轧制温度的降低，近表层金属表现出更难变形的状态，而心部等效变形量均有增大的趋势。相同冷却条件下，轧制厚度的变化对冷却渗透度和内部温度梯度的影响很小，即近钢板表面的低温层厚度基本一致。随着轧制厚度的减小，常规工艺与温控形变工艺下的金属内部流动都呈增加趋势，但温控形变工艺相比常规工艺对钢板心部等效应变的提高幅度更大。

除此以外，对比研究了压下率 10%、厚向心表温差 450 ℃ 的温控形变轧制工艺和压下率 10% ~ 13% 的常规轧制工艺。结果表明，该温控形变条件下的钢板心部金属流动量大于各压下率条件下的常规轧制。此外，压下率 10% 的温控形变轧制工艺与压下率 13% 的常规工艺对钢板心部金属的等效应变作用程度相当，说明该条件下获得相同的心部等效应变值，厚向心表温差 450 ℃ 的温控形变轧制所需压下率相比常规轧制可减少 3%。

2 冷却工艺对变形渗透的影响

冷却工艺对温控形变过程中金属内部温度场、金属横向流动及厚向等效应变分布等有重要影响。现场实际生产过程中所关注的冷却控制参数包括：冷却强度（水流量）、水冷时间和空冷（返红）时间等。

在相同冷却时间里，冷却强度越大带走的热量越多，使得钢板表面温降更快，形成更大的厚向温度梯度，表面金属流动受到抑制，促使心部金属流动加剧，增强厚向变形渗透性，但随着冷却强度的继续提高，变形渗透效果的增加幅度逐渐减小。冷却强度一定时，随着水冷时间的持续，钢板表层温度梯度逐渐减小，内部的温度梯度逐渐增大，由于冷却渗透度不断加深，表层难变形区所占比例增大，近表层金属流动越来越困难，当水冷时间增加到一定程度时，金属表层一定厚度出现近似"刚性盖"的现象。表层的金属变形量减小，促使总变形体积量沿厚向逐步向心部转移，加剧了内部的金属流动，通过厚向等效应变分析，随着水冷时间的延长，心部等效应变程度得到较大提高。钢板在空冷返温阶段，主要通过内部热传导作用，将钢板内部热量传递至表面，使得表面温度升高，内部温度逐渐降低。在空冷 5 s 时，钢板厚向仍保有较大的温度梯度，变形渗透作用导致心部的等效应变程度较大，但随着空冷时间的延长，钢板整体的温度更均匀，变形渗透效果减弱，心部的等效应变程度越来越小。

温控形变工艺中金属的变形特点不仅取决于轧件厚向心表温差，还与轧件内部的温度梯度有着重要联系。通过控制水冷和空冷时间的工艺策略，形成了厚向相同心表温差不同内部温度梯度的两种温控形变轧制工艺。经对比，相同心表温差条件下，冷却渗透度大、内部温度梯度大的轧制工艺所带来的厚向变形渗透效果将更加明显。

3 工业化应用

由于连铸坯厚度规格和轧机能力的限制，很多钢厂在生产厚板和特厚板时会遇到压缩比不足的问题，导致轧制变形难以渗透到轧件心部，致使钢板内部存在晶粒粗大和带状组织明显等缺陷，影响最终产品的韧性及 Z 向性能。针对上述问题，我们在国内钢厂进行了温控形变工艺的试制，来改善上述问题，并与常规轧制工艺进行了对比。

3.1 115 mm 厚规格压力容器钢温控形变工艺试制

国内某钢厂利用轧制过程的即时冷却系统进行了温控形变工艺的试制，如图 1 所示，并与常规工艺进行了对比。试制对象为成品厚度规格为 115 mm 的 SA−516MGr485 钢。两种工艺均无待温阶段，轧后直接空冷至室温；温控形变工艺在 3 个轧制道次间采用强水冷，主要工艺参数见表 1。

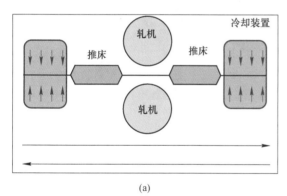

(a)　　　　　　　　　　　　　　　　　(b)

图 1 单机架即时冷却工艺布置图

（a）近轧机冷却装置布局示意图；（b）某钢厂现场布置图

表 1 115 mm 厚压力容器钢的主要工艺参数

工艺	坯料厚度/mm	待温厚度/mm	成品厚度/mm	即时冷却/次	表面温降/℃	终轧温度/℃
常规	320	无待温	115	0	—	850±20
温控形变	320	无待温	115	3	150±30	820±20

通过观察两种工艺下成品钢板的侧面形状发现，常规轧制后的钢板侧面呈明显双鼓形，而温控形变轧制后的钢板侧面呈单鼓形，这说明温控形变轧制工艺增强了轧件

厚向变形渗透，促进了钢板心部的金属流动。

表 2 为两种工艺下钢板 1/4 厚度层的力学性能。从表中可以看出温控形变工艺提高了钢板强度，同时改善了韧性。钢板的屈服强度提高了 43 MPa，抗拉强度提高了 25 MPa，20 ℃平均冲击功提高了 87 J。图 2 所示为两种工艺下的钢板 1/4 厚度层的金相组织照片。经过测量，温控形变工艺下的晶粒度为 7.5 级，带状组织为 1 级，而常规工艺下的钢板的晶粒度为 6 级，带状组织为 2.5 级。相比常规工艺，采用温控形变工艺的钢板心部晶粒度提高 1.5 个等级，并且带状组织得到改善。多次累积温控形变轧制促进了轧件厚向的变形渗透性，增强内部再结晶作用，并使得组织更加均匀化。

表 2　115 mm 厚压力容器钢不同工艺下的力学性能

工艺	屈服强度/MPa	抗拉强度/MPa	伸长率/%	20 ℃平均冲击功/J
常规	347	545	22.5	132
温控形变	390	570	21	219

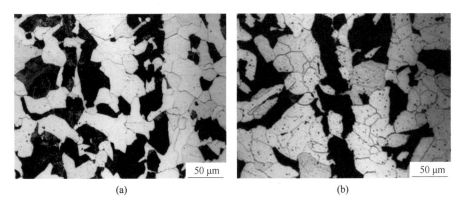

(a)　　　　　　　　　　　　　　(b)

图 2　115 mm 厚压力容器钢 1/4 厚度层金相组织

(a) 常规工艺；(b) 温控形变工艺

3.2　100 mm 厚规格低合金钢温控形变工艺试制

国内某钢厂应用温控形变耦合轧制技术试制厚度规格为 100 mm 的 Q345B 钢板。两种工艺粗轧开轧温度均为 1150 ℃，待温厚度均为 160 mm，精轧开轧温度约为 870 ℃，轧后水冷至约 680 ℃，其中温控形变工艺在粗轧阶段进行两次轧制道次间水冷。具体工艺参数见表 3。

表 3　100 mm 厚低合金钢主要工艺参数

工艺	坯料厚度/mm	待温厚度/mm	成品厚度/mm	即时冷却/次	表面温降/℃	终轧温度/℃	返红温度/℃
常规	285	160	100	0	—	800±20	680±20
温控形变	285	160	100	2	250±30	790±20	670±20

表4为两工艺下的力学性能。从表中可以看出，采用温控形变工艺的钢板强度并未有太大提升，而伸长率提高了3%，Z向性能提高了11%，从Z25提高至Z35级别。通过对比两种工艺下钢板心部的金相组织照片，常规工艺的厚板心部存在明显的带状组织，而温控形变工艺的厚板心部带状组织得到消除，组织较均匀，这是由于粗轧过程温控形变提高了轧件的厚向变形渗透，促进心部的再结晶，减弱了成分偏析效果，改善的带状组织有助于Z向性能的提高；但是两种工艺下的晶粒细化程度没有明显区别，这是由于生产过程中长时间的中间坯待温过程，使得钢板内部晶粒发生粗化，削弱了粗轧阶段温控形变的细化效果。

表4 100 mm厚低合金钢不同工艺下心部的力学性能

工艺	屈服强度/MPa	抗拉强度/MPa	伸长率/%	-20 ℃平均冲击功/J	Z向性能/%
常规	282	479	19.5	185	31
温控形变	287	486	22.5	196	42

温控形变工艺下的轧制力均匀性也有明显提高。温控形变工艺下的平均轧制力比常规工艺提高了约15%，同时温控形变工艺下的轧制力比常规工艺轧制力更平稳，头尾未出现明显轧制力峰值。这是由于即时冷却采用了头尾延迟温控，使得轧件纵向温度均匀性更好。

田　勇　王丙兴

中厚板轧后数智化冷却过程控制系统

在热轧生产流程中，轧后冷却是关键性环节之一，它对最终产品的组织类别和力学性能有着重要影响。中厚板轧后冷却过程是一个涉及换热、相变和应力应变等多场耦合的复杂过程，其控制难点在于冷却的影响因素错综复杂，很难建立一套能真实反映冷却过程的固定模型。此外受工况条件影响，换规格冷却温度难以命中且波动较大。

轧后冷却控制的核心目标是精准命中工艺温度。温度控制模型非常复杂，它受很多因素的综合影响，比如水温、钢板温度、钢板规格、水流密度及钢板成分等，很难有一个固定的数学模型满足多变的工况条件，因此需要温控模型具备较强的自学习能力，才能适应复杂多变的工业生产条件。国内外很多学者或机构都致力于温控模型的优化研究。比如传统的层别分类、模糊控制、基于实例以及神经网络等自学习模型。

东北大学开发的中厚板先进冷却系统（Advanced Cooling of System for Plate Mill，ADCOS-PM）结合各类模型优势，针对中厚板冷却过程特点运用了具备无监督学习能力的变比例网格模型（Variable Scale Grid，VSG）和在线深度神经网络模型（Deep Neural Networks，DNN）。这种"VSG+DNN"的双模型并行系统，不仅考虑了冷却过程中各参数的物理意义及作用程度，同时也考虑了历史冷却过程之间的内在关系。

1 "VSG+DNN" 双自学习模型架构

在中厚板轧后控冷系统中，使用的 VSG 自学习模型具有响应速度快，计算效率高的特点，可是仍有局限性，比如：考虑的影响因素不够全面，当规格改变时出现层别跃迁的问题等。针对上述问题，利用深度学习对大数据的特征信息的挖掘能力，对原系统自学习模型进行补充，增加长期自学习模式，即基于深度学习模型建立起"VSG+DNN"双自学习模型并行运作构架的轧后控冷系统。

如图 1 所示，冷却规程由两套自学习模型并行控制，一个是原系统的温度场数学模型和 VSG 自学习模型，VSG 模型为变比例网格模型，可充分挖掘冷却数据的物理意义，是一种无监督空间聚类法模型，适合短期快速自学习。另一个是基于深度神经网络的预测模型，为高度非线性逻辑预测，是一种有监督分类及回归法模型。该模型可以将工厂中长期积累下的优质数据进行统一的学习，适合长期稳健自学习。"VSG+DNN"双自学习模型运作模式同时采用了 VSG 自学习模型短期学习的优势和 DNN 自学习模型长期稳健自学习的特点，集两者优势于一体，可以大大提升系统控制精度。

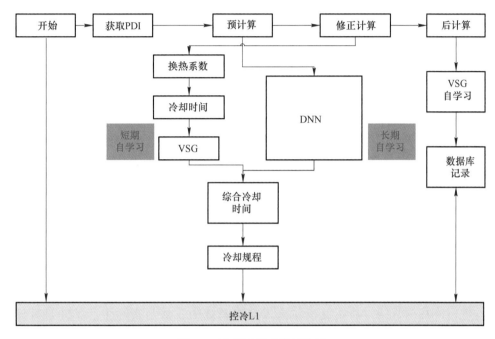

图 1　双自学习模型并行构架

双自学习模型并行运作时，轧机抛出冷却钢板 PDI 信息至控冷系统中，其中分别传入传统温度场模型计算与 DNN 预测模型中。温度场模型计算部分需通过 VSG 自学习模型在网络空间内选择其对应的自学习系数点，由该自学习系数赋值给水冷换热系数，通过温度场计算得出冷却时间。DNN 预测模型方面，将 PDI 信息输入至深度学习模型中，通过深度神经网络建立一种无公式化控冷模型，直接预报冷却时间。通过这两个模型计算出的冷却时间进行综合对比，得出综合冷却时间，选用合适的冷却规程。

运用"VSG+DNN"双自学习模型并行运作系统时，生产过程中不会因为 VSG 自学习模型的层别跃迁而产生冷却规程计算错误，也不会因为 DNN 模型的即时反应慢而出现修正不及时的情况，两者相辅相成，大大地提升了中厚板轧后控冷系统的稳定性和鲁棒性，真正地实现了 1+1>2 的效果。

深度学习的学习周期长，需要消耗大量资源来训练网络权重，为了适应现场生产的快节奏，本节提出了具备在线同步更新网络的深度学习模型模式，可以实现工艺预测与数据训练网络的在线同步进行。

深度学习模型主要包含两个模块，分别为预测模块与训练模块。该系统采用在线预测和离线训练并行运作模式。其中预测模块采用在线预测形式，即待冷钢板 PDI 数据传输至控冷系统时进行冷却时间的预测，并进行冷却规程的计算，随后将冷却规程传至一级控制系统对钢板进行冷却控制。对于训练模块采用离线训练形式，其对应的是数据库中的训练集，运行训练时不影响生产节奏。数据库中的训练集主要包括从生产过程中产生的 post 文件中提取出来的数据，也包括历史数据库中留下的生产数据，经过筛选清理所得。

训练模块流程主要包括训练集处理、训练操作、启动训练 3 个部分。其中训练集处理的主要功能为对数据样本进行处理，首先对数据样本进行标签与索引同步打乱，这样处理有效避免了同类数据集中干扰训练精度的问题；其次对整体数据样本进行分类处理，使用交叉验证法选取出训练集和测试集，最后对训练集和测试集进行标准化处理。模型所采用的其他优化算法主要包括正则化、滑动平均模型和指数衰减学习率等。训练操作是根据数据量选择合适的网络结构和超参数。启动训练为对模型进行权重更新，待模型性能训练合格后储存其权重。

预测模块主要用于进行输出预报结果供控冷模型使用，将输入数据 PDI 输入模型中，加载网络结构和训练好的权重进行向前传播算法，得出预报结果并传输至控冷系统中，进行冷却规程的计算。此模块嵌入控冷系统中，参与实际生产，并且其计算消耗时长基本满足在线生产的要求。

2　智能增强技术

除了现在热门的 AI 以外，早在 20 世纪 60 年代有学者提出了智能增强（Intelligence Augmentation，IA）的概念。不同于 AI 想胜任甚至完全取代人类智慧的目的，IA 的设计目标是帮助并提高人类的智慧。"鼠标之父"恩格尔巴特认为"用计算机来增强人类智慧"远比"用计算机取代人类"更有意义。智能增强意味着计算机技术的最终目的始终是"以人为本"，相比于理性而冰冷的计算机，人类在处理抽象化、情绪化和非逻辑性的问题上似乎有着不可逾越的优势，我们只是在大量重复、海量计算和记忆上逊于计算机，而通过人机交互，将这些问题交给计算机，就能很好地弥补我们的短板。

目前，中厚板在线冷却生产过程中，再有经验的技术人员也无法长期保持高精度的控制水平，再完美的自学习模型也无法准确计算从未遇到（无学习样本）的问题以及应对突发状况（过于依赖变量和信号）。经过在实际生产过程中的长期探索发现，单纯依靠人或机器都不是长久可靠的，以人为导向结合机器学习辅助，在现有技术条件下更符合实际生产的需求，因此 IA 的技术理念将更适合工业智能控制系统的应用。针对中厚板轧后冷却过程控制，IA 技术体现在两个方面：知识图谱和人为导向自学习系统。

知识图谱，是由大量专业人员根据测试经验和理论模型建立的规则体系，知识库是开放可更新的，其中包括工艺分类规则、过程控制规则和应急处理规则。人为导向自学习系统，主要解决学习样本少、学习周期长等问题。通过人工标签来为机器学习（VSG、DNN）添加足够的训练集；通过经验补偿的方式，来调整修正幅度，加快机器学习效率。

3 ADCOS–PM 的现场应用

基于在线冷却数据集，选取 5000 组数据作为总样本，将 5000 组样本用交叉验证的方式分为训练集与测试集，对模型进行评估。采用 4000 组训练样本对深度神经网络进行训练，模型训练完成后，用测试集进行模型性能测试。

连续采集前 150 块预报的水冷时间，与实际水冷时间进行对比分析发现，水冷时间的预报值和实测值拟合得很好，对水冷时间的预报准确率达到 96.7%。这证明深度神经网络模型可以很好地挖掘数据信息，并且能对一些复杂的参数进行准确地预报，说明深度神经网络是可靠的。经过深度神经网络模型预报所得的水冷时间相对于传统模型中应用水冷换热系数通过数学模型计算所得到的水冷时间更加稳定，模型鲁棒性更强。

在生产过程中，冷却板材的规格种类不是一成不变的，并且由于轧制过程的不确定性，即使是同种规格的板材，其轧制温度也有可能是不一样的，这对于模型来说是一个考验，针对该种情况时，深度学习模型算法也表现出非常好的鲁棒性和稳定性。

利用数据挖掘与 IA 等技术，预处理后的数据源的质量和可靠性得到了很好的保障，以便于上位机控制模型得到更优的运算结果。ADCOS-PM 系统采用"VSG+DNN"双模型并行的系统架构。使用 VSG 模型后命中率较改造前提高约 7.3%，结合数据挖掘和 IA 预处理的"VSG+DNN"并行架构，冷却命中率又进一步提高了约 3.5%。

图 2 为某钢厂中厚板生产投入"VSG+DNN"并行架构的控制系统后冷却温度命中情况。图 2（a）为各品种工艺温度命中情况，平均冷却温度命中约 98.14%，同时各工艺温度区间的稳定性也较好。图 2（b）为随机统计了 186 次换规格首块钢板冷却温度偏差分布，据统计平均首块冷却命中率约 94.12%，较以往有近 15% 的提高，其中温度偏差平均值约 8.6 ℃，方差约 7.5 ℃，以上数据表明，首块冷却命中率提高的

同时温度波动也明显减小。

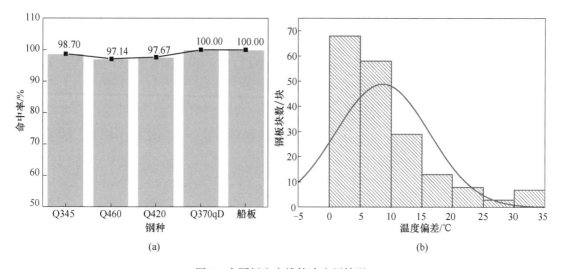

(a)   (b)

图 2　中厚板生产线控冷应用情况

（a）不同品种的温度命中率；（b）换规格首块钢板冷却温度偏差分布

王丙兴　田　勇

中厚板多模态产品质量检测与机器人修磨技术

我国钢铁中厚板生产装备已达世界先进水平，但高端钢板的产品质量及其稳定性等仍无法满足国家重大工程和战略性新兴产业发展的需求。其主要原因之一在于工业数据利用水平低，很多非结构化数据，如钢板形状、平直度、表面缺陷等图像信息数据无法获取，缺乏对应的检测及处理装置。

大数据及机器视觉技术的发展，使得传统钢铁行业中经验门槛高、劳动密集型的岗位被替代成为可能。东北大学采用数据挖掘与机器学习方法，融合视觉感知与机器人技术，开发了高效率、高精度、低能耗的质量检测与表面缺陷修磨系统，促进智能化与工业化的深度融合。

1 热轧在线板形检测系统

东北大学从热轧中厚板实际工况出发，考虑高温、复杂光线变化、在线运动等问题，自主研发了基于结构光与高速工业相机的在线板形平直度检测系统。该系统的技术核心采用主流的激光三角测量法，其原理是从结构光源发出线性激光，投射到被测物体表面形成光带，然后从另一侧的视觉采集系统（高速工业相机）记录被测物体表面不平时造成的光带形状曲率变化。通过图像分析处理技术获得数字化信息，基于Otsu方法和亮点密度概念研究自适应ROI设置方法，并结合亚像素技术提高图像处理精度。通过统计学和深度学习的算法，获得平直度与像素坐标的映射关系，从而获得了全钢板表面平直度数据，为后续板形分析提供理论基础和数据支撑。具备3项工业级领先技术：（1）光线动态追踪自适应技术。感知周围光线变化，局部自适应调整曝光、增益，提高成像均匀性和清晰度。（2）激光线边缘锐化处理技术。基于统计学和亚像素方法，锐化边缘提高轮廓精度。（3）基于GPGPU的高并行图像处理技术。基于CUDA加速处理技术结合专业运算显卡的强劲性能，将图像序列化整为零，并行处理，实现钢板快速运动过程中的高帧率计算，减少细节损失。

目前，在线板形检测系统已经推广至莱钢、鞍钢、湘钢、八钢等企业的数条中厚板产线，平直度检测精度最高可达±1 mm，扫描频率为30~200 FPS。热轧区域的检测可耐1000 ℃高温，实现长时间的在线动态板形测量，支持翘叩头、浪形、横弯等9种典型板形缺陷识别，可与上下游系统实现全板面的板形数据矩阵通信，便于工艺闭环控制。

2 多机器人协作钢板表面缺陷修磨系统

东北大学针对不锈钢、高端品种钢，成功开发并应用了多机器人协作的钢板表面缺陷修磨系统。该系统基于机器视觉、深度学习、机器人动态轨迹规划等多项技术，具备缺陷识别与定位、边缘最优化检测、多机器人协作规划和修磨工艺模型计算等功能。该系统采用六轴机器人，搭载自主研发的恒力执行器，配合自主开发的机器视觉和运动轨迹最优规划算法，可动态获取修磨物的三维坐标，最高效地完成整套定位修磨动作。配备专业工业相机，识别提取缺陷轮廓、缺陷定位，实现缺陷检测并指导机器人进行修磨工作。恒力执行器可以提供稳定持续的力度，精度高达±1 N，实现机器人在微曲面上的柔性修磨，保证修磨深度的均匀性与修磨形状的高度一致性。

在实际应用过程中，视觉系统将缺陷区域的颜色信息和坐标传输给机器人，机器人进行全局路径规划，调整姿态，制定双机器人运行路线，实现多机器人同时修磨，追求效率最大化。该系统的综合生产打磨效率相比传统人工提高50%以上，解放90%修磨岗位人员。归功于柔性化的控制方式、修磨工艺模型和模拟仿真等模块，机器人重复定位精度±0.05 mm，修磨深度精度±0.1 mm，保证了修磨准确率和修磨质量，极大程度地改善了表面修磨质量和美观度，提高了企业市场竞争力。

在线板形检测系统与表面缺陷修磨机器人的成功开发（图1），标志着东北大学在工业智能化领域取得的另一个重要突破，未来将继续为钢铁行业的产品质量和生产效率的提升提供更多更先进的技术支持，推动智能制造不断向前发展。

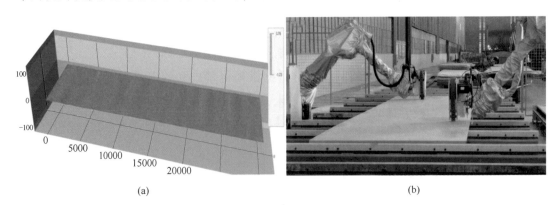

(a)   (b)

图 1   钢铁智能化的应用

（a）在线板形检测系统生成3D钢板平直度云图；（b）双机器人协作修磨过程

王丙兴   田   勇

中厚板热处理线生产数字化集中监控及管理

1 概述

国内多数中厚板热处理生产线都是近年建设的，虽然大部分生产区域实现了电气自动化，并且与 MES 系统形成数据流衔接，但是车间内依然存在信息孤岛，没有实现互联互通并建立统一的数据平台，区域间缺乏统一的协调和智能化控制，生产计划与产线设备及物流状态缺乏协同。当前控制系统虽然表面上在 MES 层集成在了一起，但高层次的管理和决策系统内部并没有实现信息回路。推进中厚板热处理车间数字化建设，加速区域内流程业务系统互联互通和工业数据集成共享，实现生产过程和质量的一体化和智能化管控，已逐步成为中厚板热处理线智能生产的发展趋势。

2 中厚板热处理线一体化智能管控平台架构

在热处理线数字化转型过程中，实现各工序间的数据互联互通、生产过程的数字孪生、生产计划的闭环控制、生产物流的一体化管理等有助于热处理生产效率提升和能耗控制。为此东北大学 RAL 技术团队开发了热处理线生产一体化智能管控平台，平台架构如图 1 所示。底层为热处理生产线各工序的物理设备；中间层实现了实际应用

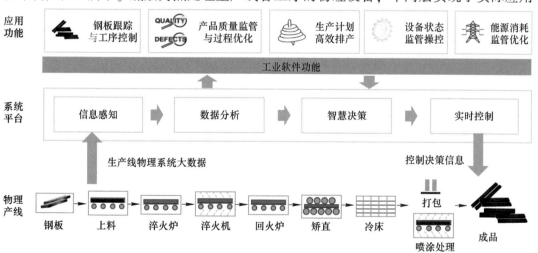

图 1　热处理生产过程一体化智能管控平台

功能的数据采集、分析及生产操作参数的精准执行，可以实时控制物理设备；顶层应用层包含生产线物流跟踪与控制、产品质量监管与过程优化、生产计划排产、生产设备状态监管、能源分析管理等功能。

3 中厚板热处理线一体化智能管控关键功能

3.1 全流程钢板跟踪与控制 CPS 单元

热处理全流程钢板跟踪与控制 CPS 单元是每台设备及整条生产线与信息系统衔接的重要环节，实现了各工序端到端的多源数据时空统一集成，其架构如图 2 所示。单元通过各种类型的传感器将各种物理量转变成模拟量信息物理系统，并且采集每台装备的生产工艺数据、加工过程质量参数和设备健康状态等数据和信息，依照顶层生产工艺的工序指令，基于研发的行为树智能工序模型实现生产过程的钢板位置自动控制。

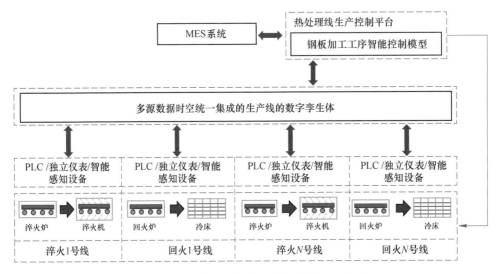

图 2 热处理全流程钢板跟踪与控制 CPS 单元

3.2 热处理生产操控一体化系统

传统中厚板热处理生产线的数据收集和操控运维是分区、分段、分设备的，虽然网络体系架构上存在必要的信息互通，但车间区域内仍不同程度地存在信息孤岛，并且热处理操作按区域分散管理模式存在人力资源和信息沟通不及时等问题。当出现的生产问题需要多个设备共同分析排查时，各个设备的操作维护人员需要共同投入精力，登录多台设备，花费大量时间。为此，东北大学 RAL 团队研发了热处理生产操控一体化系统，实时采集现场设备状态及钢板信息，自上而下建立了立体式、数字化，并与真实场景对应的产线物流与设备孪生系统，使管理人员通过简单直接的方式，全方位了解整个厂区的运行状态，实现数字化的运维管理需求，将厂区内整条生产线的数据有机结合起来，统一存储于时序型数据库进行管理。数据中心通过无监督的机器学习算法，可以进一步优化海量信息，构建专注于生产诊断的知识库系统。图 3 所示为热处理生产操控一体化平台可视化交互系统典型画面截图示意图。

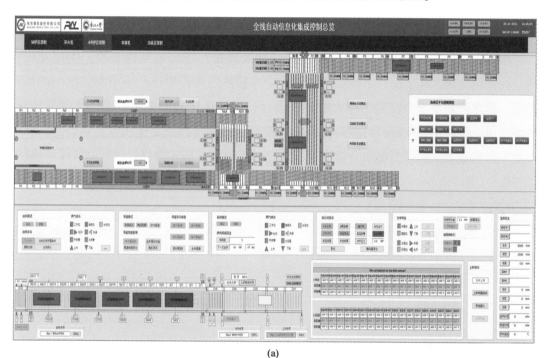

(a)

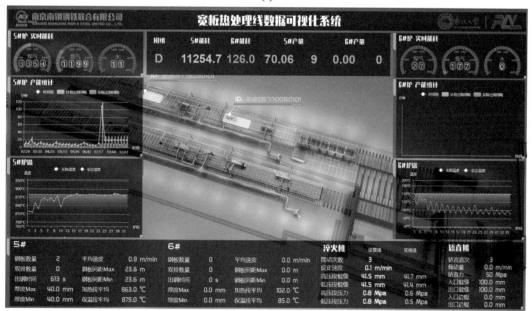

(b)

图 3　热处理生产操控一体化平台可视化交互系统典型画面截图示意图

（a）操作岗位的全流程设备及物料状态监控画面；（b）管理岗位的全流程可视化系统画面

3.3　热处理炉群生产计划高效管理

目前国内钢铁企业中厚板热处理环节一般都有 3 条以上产线，并且热处理单元计划以人工调度为主，产能、设备利用率难以提升，不同调度人员的水平差异和同一调度人员的状态差异，也会造成相同生产条件下产量差异很大的情况，这是人工调度中经常遇到的随机性问题和水平波动问题。

中厚板热处理高效排产技术主要实现对热处理排产进行精细化管理，优化产线负荷，提升热处理产能，提升生产线规范性。中厚板热处理高效排产采用制定统一的规则规范，建立积累基于全流程工序大数据的模型，迭代优化排产方案，可持续提升产能。模块联通上下游信息流后，可及时提供轧线备料信息提醒和成品库接收出料提醒，在一体化平台基础上，根据当前设备情况动态调整排产方案。图 4 为热处理线高效排产模块。

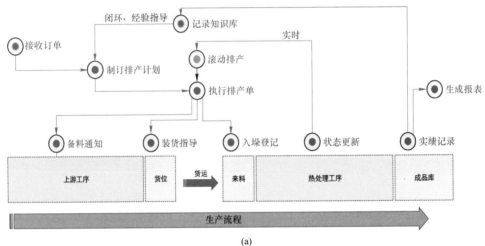

(a)

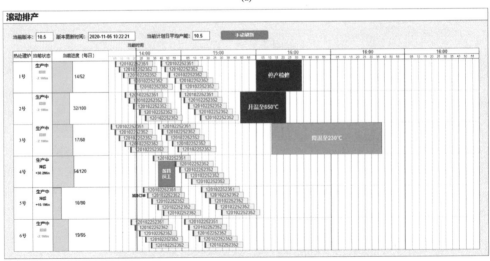

(b)

图 4　热处理线高效排产模块

(a) 功能架构图；(b) 软件交互界面示意图

3.4 热处理产品质量预测与控制

钢板的成品质量控制是热处理生产的关键。传统方式下，钢板的性能、板形质量需要大量的离线检测后优化现场工艺参数。随着大数据和机器学习技术的发展，钢板性能与热处理板形的数字孪生技术得到了快速发展。RAL 团队通过多年的技术积累，在板形智能感知基础上研发出了基于深度学习技术的淬火板形和矫直板形智能控制技术。这些新技术的研发为数字化转型下热处理中厚板产品质量稳定性、成材率和效率提升提供了坚实的基础，在生产中与热处理炉、淬火机及矫直机模型过程设定计算和动态设定计算结合，并与生产线物理系统进行实时交互、反馈控制、循环赋能。图 5 所示为热处理矫直板形智能控制可视化系统典型画面截图示意图。

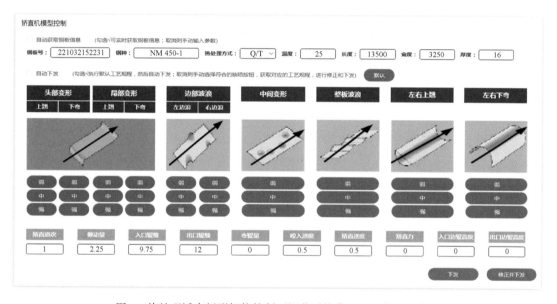

图 5　热处理矫直板形智能控制可视化系统典型画面截图示意图

李家栋

基于机器视觉的宽厚板多工序协调优化 CPS 系统集成与应用

1 研究的背景与问题

宽厚板是装备制造、能源化工及军工国防等高端钢铁产品应用领域的基础原材料。目前，我国宽厚板产线装备和自动化技术已经达到较高水平，但在关键工艺质量参数感知、多工序协调优化等方面长期面临如下问题。

（1）轧制、剪切及组板工序间尚未形成联动，无法进行动态协调优化控制，影响宽厚板质量和效率进一步提升；

（2）缺少轮廓在线检测仪器装置，轧后钢板轮廓的关键质量参数仍多以线下人工方式测量获取，无法参与工序间的优化控制；

（3）依靠人工经验的组板订单匹配度和剪切控制精度偏低的问题明显，不能根据钢板实时轮廓信息确定最佳组板和剪切策略，导致组板余材过多、切头切尾大，造成成材率损失；

（4）组板–轧制–剪切等三个工序间除基础产品信息交互外，无其他过程质量数据交互，迫切需要开发面向多目标约束的优化控制策略，减少切损量同时提高订单匹配度。

针对上述问题与相关技术瓶颈，东北大学联合山钢等单位依托于国家重点研发计划"扁平材全流程智能化制备关键技术"项目，基于机器视觉技术和深度学习算法，国际上首次研制出宽厚板高精度轮廓仪，利用仪表深度感知数据构建了宽厚板轧制过程动态数字孪生模型，成功开发出行业内首套宽厚板多工序协调优化 CPS 系统，如图 1 所示。

2 主要创新性内容

（1）基于机器视觉的深度感知技术，构建了大尺寸不规则运动钢板图像采集硬件系统及计算模型，开发了融合专家经验的多模态深度学习图像处理及轮廓提取算法，并构建了多源数据指导下的平面形状特征辨识模型，研制出宽幅钢板轮廓仪，实现了钢板平面形状的快速高精度检测判定。

（2）基于中厚板轮廓数据，提出了数字孪生驱动的可控点平面形状优化技术。开

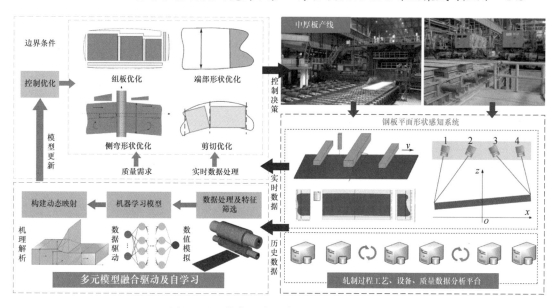

图 1　基于轮廓的多工序协调优化 CPS 系统

发了融合过程时间-空间特征的钢板平面形状预测模型，对加工过程钢板形状尺寸变化形成了准确的实时动态映射。构建了高斯曲线融合粒子群智能寻优的平面形状设定曲线，开发了基于轮廓识别的形状感知和特征值提取的滚动优化方法，形成了机理融合数据驱动的平面形状 CPS 系统。图 2 所示为钢板平面形状预测及控制优化示意图。

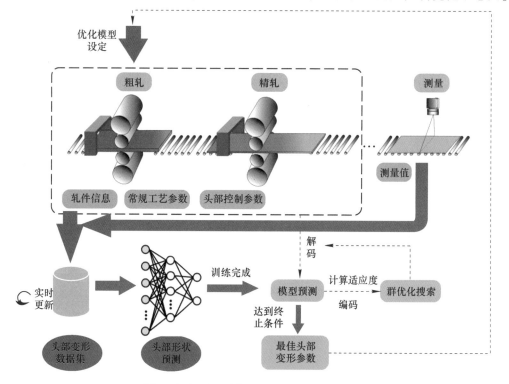

图 2　钢板平面形状预测及控制优化示意图

（3）首次在国内中厚板领域成功开发应用智能剪切系统，实现了面向多目标约束下钢板最优剪切方案的自动生成，并将子板排样和母板组板抽象为工艺约束下的多目标优化问题，并提出基于领域知识指导的多阶段规划高效求解算法，实现了决策过程中对于效率及成材率优化的动态平衡，以及复杂工艺条件下的子板排样和母板组板问题的智能决策。

3 项目成果与应用情况

本项目围绕行业领域内重大共性技术需求，突破了宽厚板产线苛刻工况下钢板三维形貌高清成像、多尺度噪声干扰等重大技术难题，研制了超宽幅钢板的轮廓检测装备；同时围绕新一代信息技术与钢铁行业深度融合进行探索和实践，率先实现了基于机器视觉的宽厚板产线多区协调优化系统的成功应用，为宽厚板生产流程安装了工业大脑，引领了智能制造在钢铁行业主流程中的技术进步，具有典型的示范作用。基于机器视觉的宽厚板轮廓 CPS 系统在山钢莱钢 4300 mm 宽厚板生产线应用后，有效提升了关键工序间的协同效率，降低了作业人员劳动强度，使产线综合成材率、生产效率、工序成本等关键指标的控制水平得到明显改善。本项目部分相关技术也已在福建三钢 3000 mm、唐钢 3500 mm 等中厚板产线进行了推广应用，提高了平面形状的控制精度，创造了良好的经济社会效益。整体成果作为辽宁鞍钢东大高品质钢铁材料制备及应用中试基地项目的重要技术支撑，已推广至鞍钢股份 4300 mm 宽厚板产线。

本项目授权发明专利 19 件、软件著作权 17 件，发表论文 17 篇，出版学术专著 2 部。本项目经中国钢铁工业协会组织的科技成果评价，一致认为整体达到国际领先水平。相关成果获冶金科学技术奖一等奖及机械工业协会科学技术奖二等奖。

李　旭

热连轧大模型系统案例

700 MPa 级 Ti 微合金化超高强钢性能稳定性控制

　　700 MPa 级超高强钢可用于制作重卡、客车及各种新能源汽车的大梁及箱梁部件，要求具有高的强度和成型性能。钢中添加 Ti 进行微合金化处理，可在铁素体相中产生细小弥散的 TiC 等第二相粒子，显著提高钢材强度。相较于 Nb、V 等微合金元素，Ti 不仅与 Nb、V 相似，具有析出强化和细晶强化效果，且储量丰富、价格较低，吨钢微合金化成本为 Nb 微合金钢的 1/5 以下。然而，由于 Ti 金属性质活泼，在冶炼过程中易与钢水中的 O 和 N 发生反应，降低钢中的有效 Ti 含量，导致每炉钢 Ti 的收得率都会发生较大变化。故此，虽然在钢中添加 Ti 进行微合金化处理，既可提高合金钢的强度和韧性，又能有效地降低生产成本，但目前炉次间性能波动大，成为制约 700 MPa 级 Ti 微合金超高强钢产品质量的关键问题。如何改善 Ti 微合金化 700 MPa 级超高强钢不同炉次间性能波动问题，已成为钢铁企业兼顾企业利润、满足用户使用需求的核心问题。

　　针对 700 MPa 级超高强钢性能波动大的问题，项目团队依托于某钢铁企业的 2250 mm 热轧生产线，通过采集大量的工业数据并进行数据清洗后形成高质量的工业数据集。采用热轧生成式工业大模型优化了有效 Ti 元素的溶解析出行为模型，融合 Ti 微合金钢物理冶金学知识和生产数据对模型进行了强化学习。以此为基础，开发出适用于热连轧 700 MPa 级超高强钢工艺快速优化设计的多目标优化算法，并应用于过程机 Level 3 的成分调用和工艺优化计算，计算结束后将优化工艺窗口反馈至 Level 2 进行过程控制。

　　在传统生产模式下，当不同冶炼炉次的铸坯成分波动时，为了保证生产稳定，铸坯仍会按照原生产计划中设定的目标工艺组织生产，这就导致了 700 MPa 级超高强钢产品性能波动。根据热轧生成式工业大模型给出的轧制工艺智能优化设计，可以根据成分变化动态调整轧制或冷却工艺，通过在过程机中不断寻优，实现了"反馈—计算—决策—控制"完整循环的轧制工艺动态优化，从而提高了 700 MPa 级超高强钢性能稳定性。图 1 示出的是基于热轧大模型的 700 MPa 级 Ti 微合金化超高强钢性能稳定性控制成效。由图可知，在常规工艺下，700 MPa 级超高强钢性能波动范围较大，经过工艺动态优化后，屈服强度波动降低 67%，抗拉强度波动降低 64%，伸长率波动降低55%。此外，针对2250 mm热连轧生产的高Ti微合金高强钢薄规格产品，因采用传统模型造成轧制力预报偏差导致易出现边浪等问题，采用所开发的热轧生成式工业大模型，在综合考虑组织结构演变和界面状态变化的前提下，轧制力预测精度较国际通用模型计算精度提高30%以上，从而大幅降低了薄规格产品产生边浪的风险。

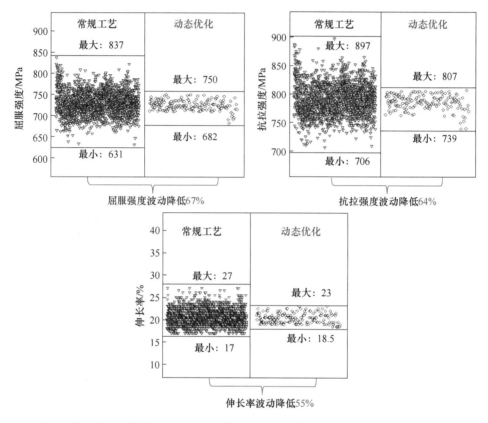

图1 基于热轧大模型的700 MPa级别Ti微合金化超高强钢性能稳定性控制成效

刘振宇

多源数据与多模型融合的热连轧 CPS 系统

热连轧生产为非线性和多扰动的复杂过程，传统机理建模或智能化建模方法在提高质量关键参数控制水平方面遭遇了瓶颈，而深入挖掘热连轧生产过程中的大量生产、工艺质量及设备等数据，构建数学模型并将分析结果作用于机理模型，形成"机理+数据"的控制模型，在此基础上开发基于多源数据与多模型融合的智能控制 CPS 系统，可有效解决上述问题。

为构建热轧工序 CPS 系统，首先对实际生产数据进行重整、匹配和预处理，打通整个数据流程；其次基于板带轧制生产过程数据，开发多级数据清洗、异常值剔除和缺失值修复方法，针对生产数据常存在分布不均衡的问题，建立生产数据分层聚类和数据均衡化模型，基于工艺知识对实际生产数据集进行特征划分，形成数据降维处理策略，利用集成学习方法建立可测参数与难测参数映射关系。最后，基于处理后的数据和机理模型，构建高精度的动态数字孪生模型，实现热轧过程的智能协调优化控制。同时，利用数据驱动方法获取到热连轧生产过程数据，实时计算出生产状态与轧件内部虚拟信息，构建高保真度动态数字孪生模型，实现生产过程的虚实映射，构建了系统级的钢铁工业 CPS 系统，如图 1 所示。

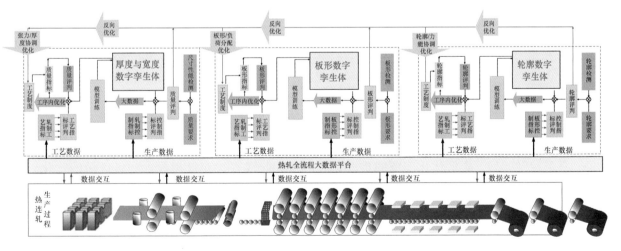

图 1　热连轧 CPS 系统架构

从轧机弹跳方程入手，通过采集各工况下的轧制力、辊缝和厚度等数据，搭建了基于深度学习算法的轧机刚度系数和轧件塑性系数的数据驱动模型。针对热连轧多机架多变量耦合问题，引入模型预测控制实现了厚度-活套-张力解耦和机架间的分布式 AGC 策略优化控制，大幅减少非稳态过程宽度拉窄、厚度超差、起套废钢等质量事故。

由于该系统涉及厚度、活套、张力等多项指标的精准控制，需要综合考虑各轧制工艺参数的交叉影响，融合生产数据修正连轧过程的轧制力、前滑等关键数学模型，完成各工艺参数的偏微分系数求解，形成单个机架状态空间模型。基于机架间厚度、张力的传递作用，构建了连轧多机架综合数字孪生模型，获得了轧制工艺参数对各机架厚度和张力的影响规律，精准再现了多机架厚度-张力的动态演变过程，建立了辊缝、速度调节等对各机架厚度和张力的控制功效二维模型，从而形成系统级 CPS，如图 2 所示。通过高精度的模型计算，获得热连轧过程模型参数和工艺参数的优化策略，并通过指令反馈到物理空间中的实体执行，这使得热连轧多机架厚度-活套-张力协同控制的验证工作大大简化，大幅度减少了新产品开发的实验周期、测试时间和工业实验成本。

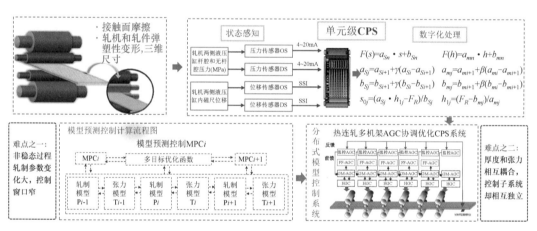

图 2　多机架多策略厚度协同优化控制 CPS 系统

针对带钢头部未建张的平直度和建张后的板凸度质量问题，开发了多变量动态优化板形 CPS 系统。该 CPS 系统以抑制终端预测板形偏差为目标，建立多区域质量协同板形控制模型。求解优化问题的难点是板形目标曲线寻优变量规模大，各区域的优化目标耦合冲突，传统板形机理模型难以应用。为此，需要给出基于轧制各区域工艺模型的分组策略，提出了基于板形调控功效的实时控制方案，开发了板形目标曲线智能优化设定模型，制定了板形反馈-前馈系统间的协调优化控制策略，进而建立了虚实互动的板形信息物理系统。

针对多区域优化环节形成的板形质量指标期望值，提出互联大系统有限时间快速跟踪控制方法，保证热轧-冷却-卷取多区域板形的分散快速质量自愈。针对已经发生的板形质量异常，为避免板形质量异常在区域间和批次间传播，开发了局部即时决策与全局决策相结合的控制算法，实现了板形质量精准预测的多区域协调控制和优化，从而克服了轧制薄硬规格带钢的复杂板形问题，满足高端产品对板形的更高精度要求。

基于动态数字孪生的高精度热连轧 CPS 系统成功应用于天津荣程钢铁、河钢、安钢信阳等多条产线，取得了良好的应用效果。该技术以多源数据为驱动，实现了数据的深度感知和利用，研发了"数据模型+冶金机理模型"的深度融合技术，提升了热连轧过程智能化控制水平、成材率和生产效率，产品因三维尺寸控制精度导致的二级品率下降 26.3%。

丁敬国　彭　文

加热炉智能燃烧控制系统

1 加热炉燃烧控制系统概述

1.1 加热炉燃烧控制系统难点

加热炉生产中钢坯加热质量、耗能和排放是关系生存的主要因素。由于现场品种多、燃料热值压力波动、流量检测不准确等生产条件不断变化，仅依靠常规控制方法，加热炉的炉温制度、空燃比等由操作人员操作，难以保证钢坯加热质量和节能效果。特别是当工况变化大时，仅凭人工经验进行加热炉操作难以达到理想效果。需要采用专有技术优化炉温设定、空燃比和燃料量，在达到最佳加热质量的基础上更加节能环保。

1.2 加热炉智能燃烧控制系统目标

（1）按钢坯目标温度全自动烧钢，减轻工人劳动强度。

（2）在线调整空燃比适应煤气热值、压力波动，稳定烟气残氧量，维持原产能情况下减少煤气消耗。

（3）减少碳排放，减少环境污染，实现节能减排。

2 加热炉智能燃烧控制系统原理

该系统综合运用智能算法与机理模型等技术，实现炉内坯温跟踪、炉温设定值优化和精准控制，根据不同来料工艺要求和当前生产状态判定动态优化控制策略；并通过空燃比快速寻优和流量优化控制，确保加热过程始终处于最佳配比燃烧状态。

2.1 全炉钢温的计算

钢坯温度计算包括对加热炉内的每一块钢坯进行温度场模拟计算，求得随时间和空间变化的全炉钢坯温度场，实现钢坯温度的动态实时观测。

2.2 炉温决策

对各类钢种、不同产量、不同规格钢坯的加热过程进行工艺优化，获得优化加热曲线。根据钢坯的优化加热曲线和当前的实际工况（如产量和炉内钢温水平等），决策当前的炉温设定值，以保证炉内每一块钢坯在离开该炉段时都能满足优化加热曲线的温度要求。

2.3 轧制节奏及产量在线跟踪

根据轧制节奏及加热炉的出钢节奏，实时预估加热炉的生产率，并根据该生产率情况进行炉温决策，使加热炉与轧机之间按匹配的节奏进行生产。

待轧处理模块会对计划待轧和非计划待轧提供相应的操作、控制策略，以避免钢坯过热、减少氧化，同时保证钢坯的加热要求和尽可能节约燃料。

2.4 AI 自学习模型

为提高数学模型计算的精度，使模型对变化的生产条件具有自适应能力，根据实测的钢坯粗轧出口温度信息，采用递推、滤波等算法，实现模型内关键变量的自学习计算和模型修正计算，使得模型具有不断自身修正、逐步提高模型精度的能力。

2.5 炉温智能控制策略

独有的模糊 PID+前馈控制算法模块，实现快速、精确的炉温控制，在保证各段炉温稳定的同时，可以快速响应冷热坯、不同材料混装等复杂工况。

2.6 空燃比优化策略

空燃比在线优化策略包括基于模糊控制算法的废气氧含量控制、空气过剩指数自动修正算法和智能在线寻优模块，实现空燃比的在线优化。

3 技术特点

（1）技术先进、效果显著。采用模型技术和智能控制技术，实现燃烧状态、外界波动以及轧制节奏等动态判断，通过动态模型计算、炉温最优设定、空燃比快速寻优等功能，确保系统完成钢坯准确加热的前提下，始终处于最佳配比燃烧状态。

（2）烧钢全过程可视。依赖模型准确计算钢坯加热过程中各点位温度，每个钢坯升温曲线一目了然，使多品种小批量情况下实现精细管控成为可能。

（3）全自动烧钢。根据钢坯目标出钢温度自动计算实现各区炉温优化设定，并实时对煤气阀和空气阀自动调节，无须人工干预。

（4）非正常生产自动。产量大幅度变化如待轧、变规格、变品种等根据具体情况进行特殊处理，以保证最佳炉温设定。

（5）快速炉温跟踪。嵌入 PLC 的模糊 PID 控制模块和生产率前馈模型的炉温智能控制技术，保障了实际炉温快速跟踪 2 级模型的设定值。

（6）系统远程维护服务。基于公司云服务中心，为用户提供软件升级、预警、模型参数更新服务。

4　系统架构

加热炉智能燃烧控制系统的架构如图 1 所示。

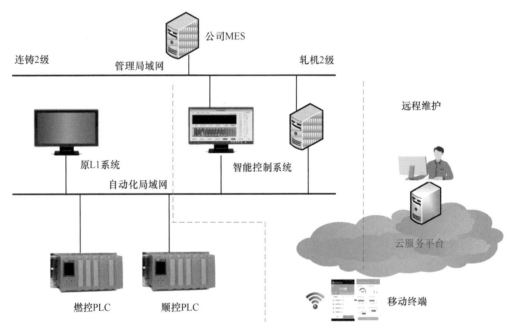

图 1　加热炉智能燃烧控制系统

5　效益分析

（1）节能增效：在维持原产能情况下，可节省煤气用量 3%~5%以上。

（2）控制加热温度：坯料出炉温度与目标温度误差±15 ℃以内。

（3）直接效益：实现全自动优化烧炉，极大降低工人劳动强度并提高安全生产水平。吨钢煤气消耗节省率按 5% 计算，典型棒线材加热炉，年节能降耗效益为 100 万~150 万元；典型板坯加热炉，年节能降耗效益为 200 万~300 万元。

（4）间接效益：1）由于空煤气基本随时处于最佳配比状态，煤气燃烧充分；2）炉内钢坯氧化烧损率降低，年钢产量提升；3）减少 CO 和 CO_2 排放，更加有利于促进企业的节能环保和低碳经济。

（5）投资回收期<1 年。

杨英华

热连轧板形数据驱动建模及滚动优化

热轧带钢作为钢材生产的重要产品之一，已广泛应用于汽车、船舶、桥梁、国防等领域。热轧带钢的板形精度是衡量成品带钢质量是否合格的重要指标之一。板形控制系统模型存在变量多、耦合强、非线性以及时变性的特点，同时，受到温度、尺寸、张力、轧辊磨损、辊形曲线等诸多因素的影响，基于简化求解后的板形控制模型很难对板形状态进行精准描述，导致热轧产品因板形问题产生的质量异议频出，严重影响了企业的经济效益和用户口碑。因此，在热连轧过程中，能够建立准确的热轧带钢板形预测模型是提升带钢板形控制精度的关键。因此，本研究以热连轧板形数据驱动建模及滚动优化任务开展研究工作。

本研究详细给出了数据采集抽取方法，针对数据中存在缺失值的问题，采用了多重填补方法进行补充；针对数据中异常值的问题，采用了箱型图法进行检测并采用删除法清除异常值；针对数据中的噪声干扰和量纲差异较大的问题，采用五点三次降噪方法和 Z-score 标准化方法进行处理。经过处理后的热轧数据为后续的热连轧板形预测模型的构建提供了数据支撑。

受制于传统机理模型精度不高、工艺参数非线性耦合与各工序独立控制等问题，考虑因素、假设与边界条件限制，传统板形控制机理模型的作用已发挥到饱和，进一步提高板形的控制水平遇到瓶颈。本项目开发的新型 6 次 CVC 辊型曲线，解决了宽薄极限规格板形控制能力不足的难题，二次凸度调控能力提高 15% 以上，四次凸度调控能力提高 36% 以上，从工艺装备的角度进一步拓展板形的调控能力。基于上述新型辊形曲线，开发了基于 DELM（深度极限学习机）融合迁移学习的板形预测模型及在线滚动优化方法，如图 1 所示。采用极限学习机对摩擦系数和变形抗力预测，形成整套数据驱动的板厚-板形-板凸度三维尺寸孪生模型，进而获取非稳态时弯辊力、窜辊量、负荷分配等高精度预设定。

在热连轧带钢生产过程中，除了受轧制工艺、轧机设备和轧件自身的因素影响外，还会受到人为因素与外部环境等因素的干扰，造成非稳态轧制，从而造成已建立的板形预测控制模型精度下降的问题，也就是产生了概念漂移。造成非稳态轧制产生的原因是无法提前预测的，因此建立实时检测是否产生概念漂移并且对已建立模型进行滚动优化具有重要意义。本研究选用一种双窗口概念漂移检测算法对实时生成的热轧带钢数据进行漂移检测，同时采用在线顺序深度极限学习机算法完成模型的滚动优化过

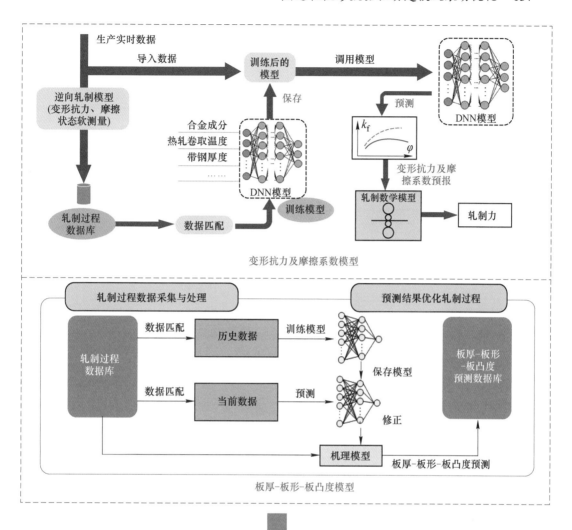

变形抗力及摩擦系数模型

板厚-板形-板凸度模型

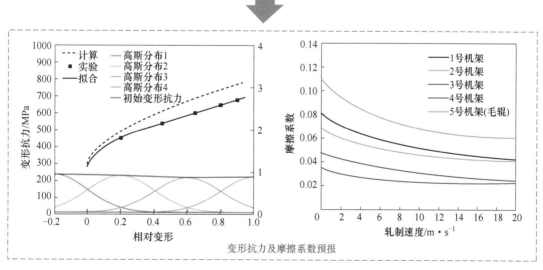

变形抗力及摩擦系数预报

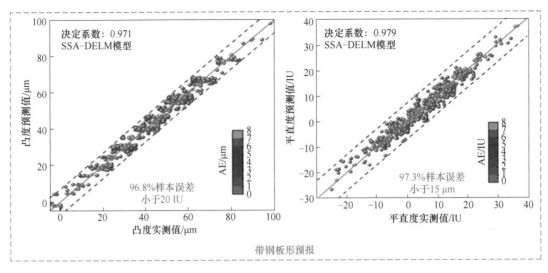

图1　板形数字孪生模型及在线滚动优化

程，滚动优化模型流程如图2所示。同时，通过对新开发产品的板形模型进行迁移学习，大幅度提高新产品首次生产的板形控制效果。该技术应用后，板凸度偏差在±15 μm 命中率达到97.3%，平直度偏差在±20 IU 命中率达到96.8%。

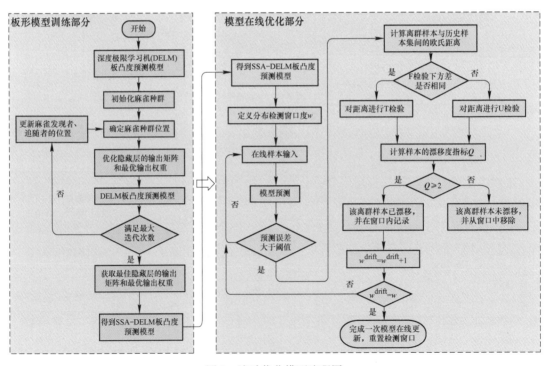

图2　滚动优化模型流程图

丁敬国

热连轧过程宽度智能预测控制

带钢宽度作为热轧产品重要的质量指标，宽度控制精度直接影响到产品最终的质量和成材率。在热轧过程中，宽度控制贯穿整个轧制过程；热轧过程具有生产流程长、工艺设备多，各工序之间具有多变量、强耦合、非线性和遗传性等特点。精轧生产过程中，轧件受轧辊压下以及机架间活套张力的综合影响，轧件在产生厚向变形的同时，宽向也同时发生流动变形，受限于测量手段，金属流动难以准确描述，成为典型的黑箱问题，传统模型难以对生产过程进行准确刻画，导致终端产品宽度波动大，严重影响了过程的稳定性和产品的成材率。

近年来，随着人工智能技术的不断发展，钢铁领域的海量数据是人工智能技术的天然应用场景，通过数据挖掘手段进行数据分析，基于智能算法进行预测建模，推动复杂目标的准确预测。目前，基于数据驱动的宽向金属流动预测模型多为离线模型，难以对实时的数据变化做出响应，预测效果较差。为了实现精轧过程宽度的准确预测，项目团队采用集成增量学习框架实现热轧宽度的在线预测，为进一步调控提供了基础条件，如图 1 所示。该框架分为 2 个模块：离线模块和在线模块。在离线模块中，基于离线数据库采集数据进行建模。首先引入 Chaotic Harris Hawks Optimizer（CHHO）优化算法对机理模型进行优化；其次采用聚类特征选择方法筛选最优特征子集，以建立最优的离线 DNN 预测模型。在线模块中，首先在离线 DNN 模型的基础上，依据实时数据对比不同在线更新策略实现在线更新建模，获取 DNN 在线模型；其次基于权重自适应方法对优化的机理模型、离线 DNN 模型以及在线 DNN 模型进行集成，实现精轧宽度在线预测。最终通过特征重要性分析，对模型的可靠性进行验证。

该框架实现了对传统机理模型的优化、对生产大数据的聚类特征选择、数据驱动建模以及模型在线更新，并通过权重自适应技术实现了多模型集成。优化后的机理模型对产线的适应度更高；海量生产数据降维后，特征数目减少 40% 以上，大大提升了模型的可解释性。通过对多种模型的自适应集成，在保证保留部分历史信息的同时，学习新的数据信息，实现对实时数据的感知预测。所提出的框架在线预测

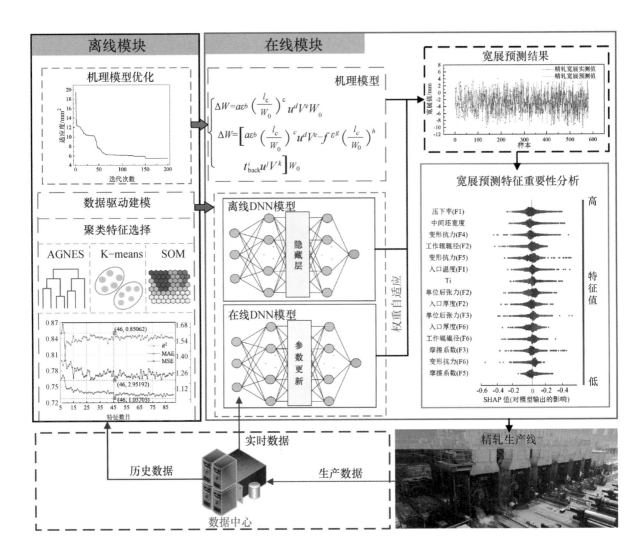

图 1　宽度在线预测框架

精度相较于离线 DNN 模型精度提升 30%，相较于其他集成模型精度提升大于 30%：MAE 指标提升 20% 以上，MSE 指标提升 30% 以上，实现了精宽度的在线准确预测。宽度的集成增量学习框架实施情况如图 2 所示。

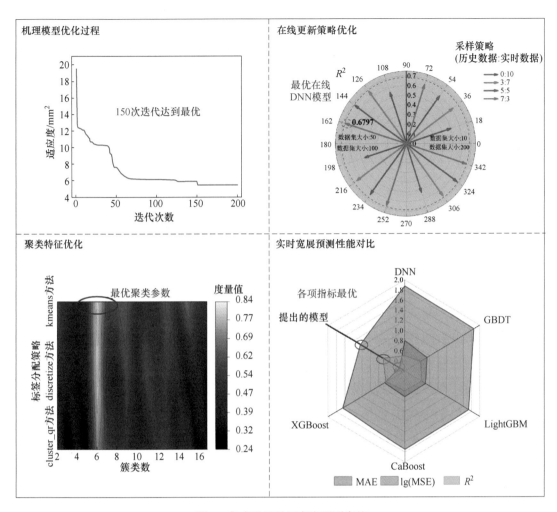

图 2 集成增量学习宽度预测实施

彭 文

热连轧过程三维尺寸数据驱动建模

在钢铁产品（板带材、长型材等）中，板带材占比约为 38.5%，是交通、能源、军工国防等高端产品的基础原材料。随着现代科学技术的进步和发展，板带材热轧过程的装备水平越来越高，自动化控制水平和数学模型设定精度也越来越高。这些技术提升虽然可以降低生产成本并提高生产率，但对于产品三维尺寸精度稳定性也有极为严格的控制要求。在热连轧生产过程中，换辊后首卷、产品换钢种、换规格、温度制度波动等非稳态轧制过程的工艺控制能力不足，导致最终产品的三维尺寸参数稳定性差，该现象也成为制约我国热轧板生产技术进一步提升的关键问题。

东北大学 RAL 板带轧制智能化课题组进行了大量的现场调研和系统优化设计，开发了高精度数据驱动模型，并以现有控制系统硬件为基础，构建了热轧过程数字驱动模型控制平台。在数据驱动模型平台搭建后，需要通过双层闭环 CPS 系统实现数据驱动模型系统的模型迭代优化和参数提升。同时，依托机理模型框架构建多目标函数，将轧制力、弹跳等关键参数作为寻优变量，求解得到当前工况下的模型关键参数，实现机理模型参数自适应。针对在换规格、换钢种、换辊轧制等非稳态条件下的模型精度误差较大，严重制约三维尺寸、板形等关键质量指标的提升问题，建立基于数据驱动的轧制力、厚度、宽度、轧辊磨损、轧辊热膨胀和轧制摩擦因子的数字孪生模型，实现换规格、换钢种和换辊后首卷三维尺寸高精度控制，模型开发逻辑如图 1 所示。对于机理模型存在不确定性且数据模型又缺乏部分检测参数的工况，开发了多源信息融合模型，利用数据方法完成未知函数逼近和参数学习，解决部分机理已知条件下的高精度建模问题，实现精度和适用性双提升。

热连轧各机架存在着弹性变形和塑性变形的交叉耦合作用。热连轧各机架与带材直接接触并产生压下量时，轧机设备会发生弹性变形，如轧机弹跳和轧辊挠曲及轧辊弹性压扁等，而此时带钢轧制产生压下量时，又会发生塑性变形，这种设备弹性状态和带钢压下产生的塑性状态耦合到一起，导致传统数学模型很难对其进行精准计算和表述，尤其在频繁换规格或换钢种状态下，一种弹塑性耦合状态下的模型未完成自学习至最优状态，又会过渡到另外一种弹塑性状态，导致整个机组形成长时间的非稳态过渡过程。上述原因导致最终产品的三维尺寸、板形、温度制度等关键质量参数稳定性差，该现象也成为制约我国热轧板生产技术进一步提升的关键问题。为了解决上述

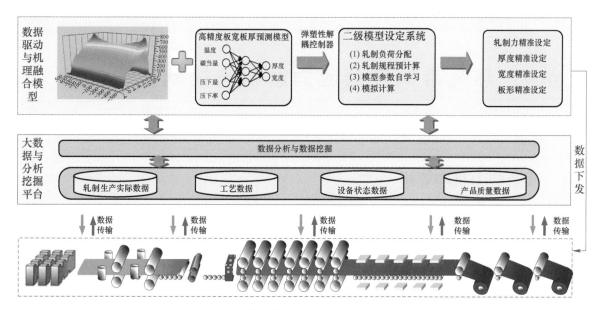

图 1   数据驱动模型研发总体架构

难题，研发了基于数据驱动的力能参数和三维尺寸动态数字孪生模型，具体分为轧制力与厚度控制、宽度控制、短行程控制等模型。

将难测参数与仪表数据作为数据源，通过多模型融合并且引入修正机制，获取各中间工序质量参数实时值以及终端工序质量参数预测值。结合偏差分析与阈值决策方法，实现终端工序质量异常在线预测，以及中间工序质量异常实时诊断。开发出具有三维尺寸信息动态反馈、设定精准计算、轧制过程闭环控制和模型动态优化等特征的三维尺寸 CPS 系统。同时，搭建了过程控制系统并行孪生系统平台，可实现模型系统的并行计算、并行模型测试以及并行模型自学习等功能，实现了新老系统的一键式切换。

基于现场实际需求，构建了基于仪表数据、数值模拟数据、机理模型、机器学习模型等多源数据与多模型融合的数字孪生模型体系和 CPS 反馈优化模块软件，提高了轧制力和三维尺寸的设定精度。上述方法已成功应用于河钢、荣程钢铁等热连轧生产线，换规格后首卷轧制力设定精度由 91.6% 提升至 95.2%，轧制力综合设定精度由 93.4% 提升至 95.4%。为进一步提高产品三维尺寸的控制精度，开发了机理与数据驱动融合的轧机弹跳、轧辊磨损和热膨胀设定模型，并通过滚动优化提高厚度和宽度的控制精度，厚度命中率由 95% 提升至 97% 以上，换规格首卷宽度命中率由 90.5% 提高至 94.5%，综合宽度命中率由 92.3% 提高至 96.5%。

丁敬国

热轧带钢残余应力解析与控制技术

1 残余应力机理解析

热轧带钢生产过程中温度演变不均匀是引入残余应力的重要因素。为了研究残余应力形成机理，首先要明确冷却过程中复杂的温度演变机制。为此，在辛空间哈密顿体系中建立了热轧带钢传热解析模型，在没有任何假设或预先确定解形式的情况下通过严格的推导得到了二维及三维带钢温度场辛解析解。此外，为了耦合相变过程设计了在传热模型与相变动力学模型之间交替迭代的数值算法来实现非线性耦合。从而实现了对温度-相变耦合机制的数学量化。

为了探究轧制过程中残余应力形成机制，基于离散化思想，将完整的带钢离散成大量纵向纤维杆，考虑带钢凸度变化，体积不变定律及金属横向流动情况，推导出各纤维杆轧后长度。进而推导出各纤维杆在轧制过程所受的纵向附加应变，并且分析了纵向附加应变状态。再考虑高温应力松弛现象并结合整体变形协调原则建立带钢机架间残余应力解析模型。从而阐明了机架间残余应力与带钢出入口凸度、温度、金属横向流动及高温应力松弛情况的内在机理。

在随后的层流冷却阶段计算了由温度和相变过程导致的各纤维杆体积变化不均匀而引发的不相容变形。最终推导出多物理场耦合的残余应力解析模型。揭示了该阶段残余应力的形成与温度-相变-应变之间的数学物理关系。此外，为了进一步研究残余应力与平直度缺陷之间的关系，引入了带钢屈曲模型。将传统拉格朗日体系下的屈曲平衡微分方程引入辛空间哈密顿体系中，在不假设应力和挠度函数的情况下，直接求解了残余应力与带钢平直度之间的数学关系。最终明确了温度-相变-残余应力-平直度之间的内在机理，如图1所示。

2 残余应力调控技术

机架间残余应力解析模型阐明了带钢出入口凸度、温度及金属横向流动情况的直接数学物理关系。因此，根据实际带钢初始凸度、初始温度及轧制工艺条件，将机架间残余应力转换成随出口凸度及横向位置变化的二元函数，进而求解出使得残余应力

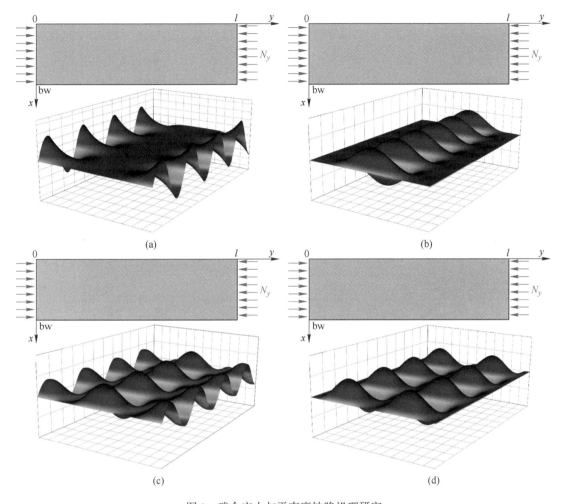

图 1　残余应力与平直度缺陷机理研究

趋向于零或分布均匀的带钢出口比例凸度，可作为目标凸度来降低残余应力。此外，根据各种平直度缺陷的边界条件再结合屈曲模型计算了出现各种平直度缺陷的临界屈曲应力。最后，将残余应力解析模型与各种临界屈曲应力相结合计算出带钢保持平直的临界出口凸度，从而实现各个机架间的临界比例凸度的设定。

　　在轧后冷却阶段提出了两种基于模型计算的残余应力控制方法：中凸度水冷和轧制补偿控制。因此，分别建立了中凸度水冷和临界补偿应力的数学模型。确定了实现中凸度冷却的冷却水分布形式。同时，引入热轧带钢的后屈曲模型，计算了临界补偿应力下热轧带钢在精轧出口处的目标板形情况。此外，还建立了基于温度、相变和应力的全耦合的有限元模型，并利用实测数据对该模型进行了验证。最后，利用有限元模型实现了上述两种残余应力控制方法。结果表明，两种方法均能降低残余应力，改善平直度缺陷；并且采用中浪补偿控制更为有效，可改善后续切割变形情况。

　　除了上述针对热轧带钢在线生产过程中调控残余应力措施之外，还对已经生产结束后的成品热轧卷，建立后续的平整及开平矫直过程的有限元模型。针对不同规格不同尺寸的热轧卷进行平整和矫直模拟从而确定出最佳的降低残余应力的工艺参数，最终实现对切割变形现象的改善，调控措施应用前后的切割变形情况如图 2 所示。

(a)

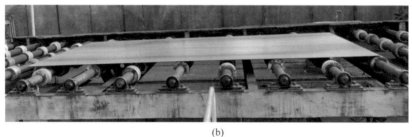

(b)

图 2　降低残余应力改善切割变形

（a）未采用调控措施切割后翘曲；（b）采用调控措施切割后平直

孙　杰　彭　文

基于工业数据驱动的热连轧板带一体化温度控制关键技术研发

1 研究背景

钢铁发展的时代主题已经由"增量、扩能"向"产品高端化、生产绿色化、质量精准化"转变，通过推进产线生产的高端化、智能化、绿色化、高效化，实现钢铁企业高质量发展。绿色低碳是我国钢铁行业实现碳达峰、碳中和的有效手段，数字化转型是我国钢铁行业高质量发展的重要支撑。以绿色低碳发展为目标，不断加快向钢铁智造转型，坚持以科技自立自强为使命，坚持高强、高端、轻量、绿色产品研发，聚焦生产流程、质量控制、工艺创新等，以数字化、信息化、智能化为实施路径，通过数据驱动和模型支撑，实现自主决策，持续优化，全力打造"高效化、智能化、精准化"生产流程，以提高热连轧产线的产品质量和生产效率，降低企业生产成本，践行钢铁"绿色制造"的原则。

高强钢、车轮钢、汽车钢、管线钢等钢材已成为我国热连轧生产线重要的高等级热轧产品，对国民经济及城镇化的发展至关重要。以"资源节约型、节能减排型"的热轧钢材绿色制造示范应用加以推广，促进了我国钢铁行业节能减排和产业转型升级。

热连轧板带钢工艺温度的控制贯穿着热轧的各个工序，是热轧产品生产过程的生命线，工艺温度的控制精度直接决定产品性能的稳定性。当加热工况、轧制节奏以及轧制工艺等发生变化时，会导致热轧板坯温度处于非稳定状态，引起轧制过程和轧后冷却过程控制工艺的波动，进而影响带钢长度方向产品质量的控制精度。在常规热连轧产线，粗轧和精轧机之间只能通过空冷或摆动待温，该区域缺少控温手段，严重制约着热轧板宽带钢行业内高品质产品生产效率及产品质量的提升。通过开发高强度均匀化高效轧制控温装备和控制系统，布置在中间辊道区域及轧后冷却区域不同位置，配合原有的精轧控温系统及层流冷却系统，实现板坯轧制过程高效精准控温及产品冷却路径的柔性化控制。借助工业数据对生产过程具有深度表征的特点，采用智能化方法，深度还原热轧带钢生产过程，以产品质量需求为导向，精准控制各工艺流程的演变过程，实现热轧轧件全流程的温度一体化控制，满足轧制—冷却的温度一体化的控制需求。

2 主要创新

2.1 冷却历程温度深度预测模型开发

热连轧过程通常采用变速轧制工艺，轧制过程加速度的频繁变化会导致机理模型难以适应轧制速度的变化，进而影响工艺温度的控制精度。为进一步提高变速轧制非稳态过程带钢温度的控制精度，基于冷却过程控制序列化的特点，采用循环神经网络算法，建立了带钢轧后冷却历程温度深度预测模型。针对多种类型集管的冷却效率问题，在数据模型中注入了专家经验，增强了模型的可解释性与稳定性。所构建的基于循环神经网络的温度预测模型能够同时实现带钢温度路径和卷取温度的准确预测，CT±18 ℃的预测精度达 97.5%。在此基础上，开发了机理模型与循环神经网络模型混合驱动的冷却过程温度控制策略，如图 1 所示，实现了板带钢变速轧制过程温度历程的快速预测和集管动态修正，解决了因速度无规律变化导致的温度波动大的问题。

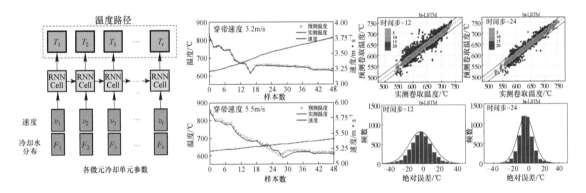

图 1　冷却历程温度深度预测方法

2.2 基于全流程工艺数据遗传特性的智能化工艺温度控制系统研发

为实现热轧产线工艺温度的精准控制及运行稳定性，针对热轧产线工艺布置特点及产品工艺生产特征，深入研究加热炉至卷取区域上游工序工艺控制稳定性对下游工序工艺稳定的影响规律，挖掘工艺参数之间的遗传特性。深入研究热轧品种钢轧制过程生命周期内不同工艺对产品质量的影响规律，挖掘热轧产品生命周期内各工序间产品遗传特性。结合加热炉、粗轧、精轧之间工艺参数变化特性，开发基于全流程工艺数据遗传特性的智能化温度控制策略（见图 2）和多工序协调优化策略，实现多阶段板坯冷却温度的精准控制。结合工业生产数据和智能化算法，开发基于温度影响因子和速度影响因子的多维自适应策略，采用基于网格和密度聚类的数据挖掘方法，对模型参数进行寻优。通过各工序的前馈控制与多工序协同的反馈优化，建立热轧产品轧制生命周期内全流程各工序的智能化工艺数据平台，实现全流程关键工序温度的高精度控制及产品质量的稳定性控制，为产线高效、高质量生产提供了强有力的支撑。

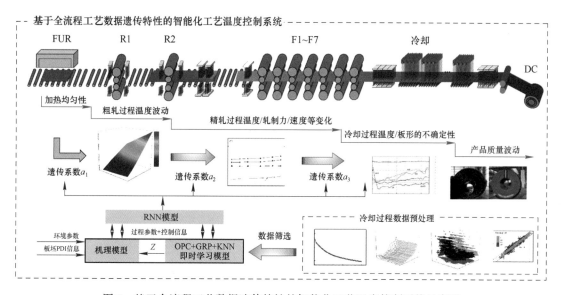

图 2 基于全流程工艺数据遗传特性的智能化工艺温度控制系统示意图

2.3 基于质量寻优的轧制—冷却过程温度一体化控制方法建立

在热轧生产流程中，上游工序粗轧中间坯温度的变化会引起下游工序精轧过程和轧后冷却过程控制工艺的变化，进而影响带钢工艺温度的控制精度。粗轧中间坯控温冷却能够实现中间坯的高效控温，弥补了传统粗轧过程温度调控手段有限的不足。基于此，为实现轧制过程中温度的稳定控制，保证最终力学性能的稳定性，首次提出了基于质量目标寻优的"轧制控温—高效轧制—超快速冷却"的热轧一体化工艺温度控制方法。

图 3 所示为轧制—冷却过程温度一体化控制方法示意图。温度一体化控制策略包括正向调控—各工序的前馈控制与逆向调控—多工序协同的反馈优化。一方面是温度一体化的正向调控，在生产过程中，通过中间坯控温冷却系统，调节进入精轧前的中间坯温度，提高上游精轧入口板坯长度方向温度的稳定性，从而保证精轧过程轧制速度和温度控制都处于较高的稳定状态。在连续稳定生产过程中，通过各单工序工艺温度的精准控制，使轧后冷却过程的温度控制精度处于高稳定状态，实现轧制过程的温度一体化的前馈控制。另一方面，温度一体化的逆向调控将处于最下游的卷取温度控

制稳定性作为最优控制目标，基于卷取温度的波动规律，通过开发工序间逆向反馈控制策略，调节上游工序板坯工艺温度，实现轧制—冷却过程温度一体化的闭环优化，通过精准控制不同阶段工艺温度，最终提高产品性能的稳定性。

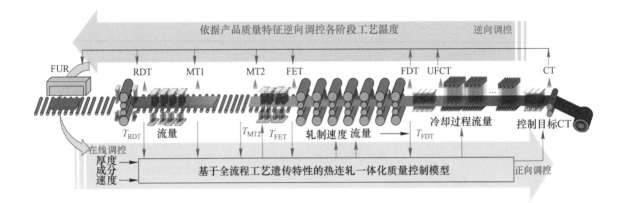

图 3　轧制—冷却过程温度一体化控制方法

3　应用与效果

开发的轧制—冷却过程温度一体化控制方法，应用于国内某 2250 热轧产线，实现了多规格高钢级产品的高稳定生产，月均轧制节奏提升 20%，年度增产 30%，产品性能得到稳定提升，冲击功合格率提升 30%，如图 4 所示。厚度为 42~60 mm 的中间坯经过粗轧控温后，CT±20 ℃的温度命中率大于 95%。

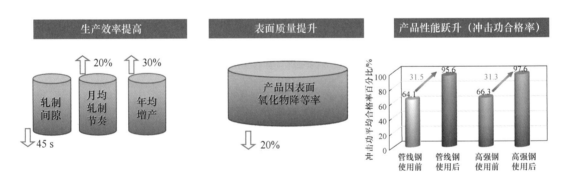

图 4　一体化温度控制应用效果

开发的全流程工艺数据遗传特性的智能化工艺温度控制系统应用于国内 2150 mm、2250 mm 及 1780 mm 产线，实现了轧后冷却温度精确控制，为产品的稳定生产提供了保障。如图 5 所示，选取工业化批量生产的 11 个典型钢种，带钢厚度为 2.0~

21.2 mm，带钢长度方向上，CT 温度控制偏差在±18 ℃范围内的命中率可达 97.8%，高于目前常用的 CT±20 ℃ 95.4%考核标准。

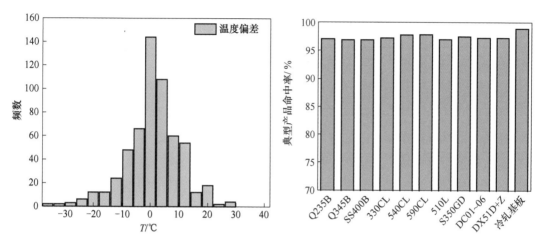

图 5　温度控制效果

李振垒

基于文本挖掘的绿色化新型 GPa 级
高强钢设计与开发

高强钢因具有高强度、高韧性和良好的成型、焊接等性能，在汽车、桥梁、建筑、船舶、航空航天等领域广泛应用。但高强钢面临研发周期长、合金元素添加量高和碳排放压力大等行业共性难题。如何快速高效地研发高性能 GPa 级钢已成为新型高强钢开发的重大挑战。目前，每年有上千篇相关的科学论文、专利等成果被发表，这些成果大部分来自高校、研究院所和企业等科学研究者通过实验等方法耗费巨大的经费和精力获得，其蕴含的数据和知识对新材料设计与研发具有重要参考价值。一个庞大非结构化信息语料库正在形成且规模不断增大。但实验数据量大和不断增长的出版速度使研究人员无法充分消化吸收、利用和掌握现有知识信息。近年来，随着"材料基因组计划"的兴起，大数据和机器学习方法的发展促进了材料科学的巨大进步，尤其在新型催化剂、药物、光伏材料和金属材料的设计和研发等领域。因此，如何基于现有海量的科学文献数据，系统地收集、提取、分析和应用高强钢的知识信息，构建高质量的高强钢数据库，开展基于数据驱动的新型高强钢的机器学习设计和开发的方法，已成为国内外钢铁研究机构争相竞争的前沿热点。

文本挖掘是数据挖掘的一个专项领域，专注于利用计算机科学和统计数学方法，结合机器学习和自然语言处理技术（Natural Language Processing，NLP），对文本数据进行深入分析和处理，从中挖掘和提取隐藏的信息和知识。本课题组以 Web of Science、Taylor & Francis 等文献数据库为文献数据来源，并通过 TXT 文档转换预处理建立文档数据集语料库。在文本清洗的基础上，采用 ChemDataExtractor 工具对科学文献进行标记化、单词聚类、词性标注、命名实体识别以及短语解析等处理，提取文本信息、表格信息和图片信息等，挖掘化学元素成分、制造工艺、显微组织及力学性能等信息，存储在高强钢数据库中。为解决数据中存在的异常值、高维度、数据分布不均和数据冗余等问题，开发低代码数据预处理平台开展皮尔逊相关性系数、随机森林特征重要性分析、分层聚类和数据平滑等处理。为解决机器学习开发难度大、模型学习能力不足、易出现过拟合或者欠拟合等问题，开发低代码机器学习平台，构建 Stacking 集成模型和自动化机器学习（AutoML）模型，析出强化型高强钢的预测精度高达 94%以上。在此基础上，以低加热温度为边界条件，利用遗传算法在成分空间进行寻优，实现了低成本低加热温度绿色化新型高强钢的智能设计。基于中试实验装备，开发出低全固溶温度、宽工艺窗口、低成本析出强化型 800~1150 MPa 系列超高强钢，如图 1 所示，突破了国外技术垄断，实现了强度、高局部成型和高抗氢脆性能共同提升，为超高强钢技术开发提供了新思路，并与国内多个企业达成合作意向。

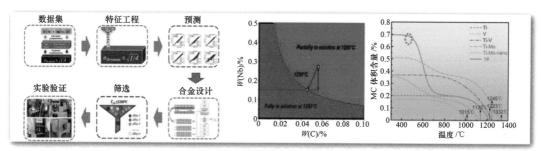

图 1　基于文本挖掘的绿色化新型 GPa 级高强钢设计与开发

唐　帅

基于动态数字孪生的高精度热连轧 CPS 系统关键技术研发及应用

1 研究的背景与问题

热连轧机组作为生产海洋工程用钢、高强汽车结构钢、高品质硅钢等高端热轧产品的主力装备，其控制系统是最复杂的工业控制系统之一。热连轧生产过程控制精度要求高、动态响应时间短、轧制速度快及工艺参数多，尤其在换规格、换钢种等非稳态条件下板形、板厚、板宽等指标超差大且难以稳定控制。国内外传统机理模型控制系统生产高端热轧产品质量稳定性差的主要瓶颈在于：轮廓检测装备缺乏、静态模型精度低、非稳态过程稳定性差。针对此行业关键共性难题，项目团队在国家重点研发计划、国家自然科学基金及校企合作项目的支持下，自主研发高精度热连轧动态数字孪生模型，首创工业化热连轧信息物理系统（CPS）。总体技术路线如图 1 所示。

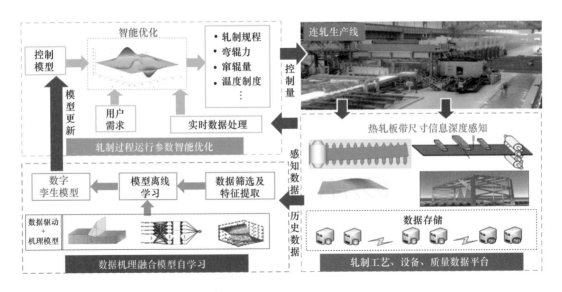

图 1　项目总体技术路线

2 主要创新性内容

本项目的成功应用，在热轧生产主流程的智能制造"无人区"起到示范引领作用，核心创新如下：

（1）基于机器视觉开发了机器学习和深度学习融合的钢板图像处理、轮廓特征提取算法，研制出热连轧中间坯轮廓识别、热连轧中间坯扣翘头和机架间跑偏检测装备。采用基于 FPGA 的带钢边缘检测硬件加速算法有效避免了图像传输和处理过程中的延时，消除了热连轧尺寸参数的检测盲区，为数字孪生模型和稳定性优化控制奠定了数据基础。图 2 所示为热连轧智慧检测装备示意图。

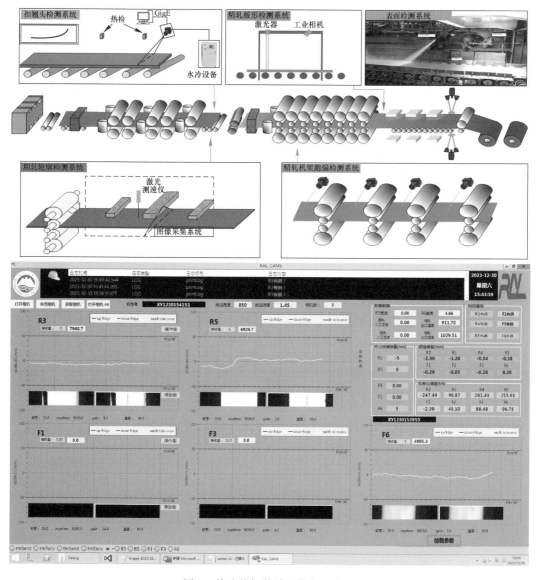

图 2　热连轧智慧检测装备示意图

（2）提出一种基于特征间注意力机制和 Transformer 架构的带钢跑偏预报模型。实现对未来 3 s 内带钢跑偏量变化的预测。给出一种基于信息熵的特征重要性排序算法，用于区分在不同轧制阶段中各个非对称因素对跑偏量影响的重要程度。进而建立了一种基于隐式行为克隆算法与带钢-辊系耦合变形机理模型混合驱动的自动纠偏 CPS 系统，动态调整控制轧辊水平，将带钢偏移量控制在±1 mm，减少跑偏发生概率。

（3）基于深度感知数据建立了中间坯头尾轮廓形状的数据驱动模型，提出了数字孪生驱动的可控点头尾轮廓形状优化技术，构建了高斯曲线融合粒子群智能寻优的头尾短行程设定曲线，形成了机理融合数据驱动的头尾形状 CPS 系统。深度挖掘带钢扣翘头数据特征，结合轧制过程机理模型，给出上下辊径差修正量、雪橇轧制修正系数或轧制线异常状态提示等优化信息。

（4）融合数值仿真和轧制机理建立了多机架多场耦合模型，以模型结果为初值并依托大数据/机器学习等数据科学，构建了基于数据驱动的动态数字孪生模型，实现了热连轧过程三维尺寸精准控制和动态优化。

（5）制定了板形前馈-反馈多变量最优化协同策略，开发出多机架变温度变辊缝工况下的微张力控制算法，建立基于逆线性二次型的厚度-活套-张力解耦和机架分布式板厚智能控制模型，形成了多源数据与多模型联合解析的热连轧 CPS 系统。

3 项目成果与应用情况

该项目相关成果成功应用于天津荣程和安钢信阳等多条热连轧产线，搭建了热连轧数字化核心平台，开发了数据驱动融合工艺机理的动态数字孪生模型，并以其为核心形成完整的热连轧 CPS 系统。宽度方向检测精度±1 mm、侧弯量检测精度±0.1 mm/m，跑偏检测精度±0.5 mm。带钢的轧制力预测偏差小于 5%，板凸度命中率±15 μm 大于 96.5%，宽度命中率大于 97.0%，厚度命中率±10 μm 大于 97.5%，有效提高了产品尺寸质量和轧制过程稳定性。该项目申请发明专利 62 件，授权发明专利 44 件，通过国际专利 PCT 5 件，登记软件著作权 11 项，发表论文 99 篇，出版专著 8 部。2023 年 7 月 29 日通过天津技术产权交易有限公司组织的科技成果评价，评价委员会一致认为：该成果整体达到了国际领先水平。

李　旭

冷轧过程数字化
与智能化案例

高品质带钢冷轧数字化建模与智能优化技术

1　研究背景

　　冷轧工序直接面向汽车、电机、精密仪器等高端产品需求，冷轧过程尺寸精度达微米级、动态响应达毫秒级、轧制速度每分钟达千米以上、工艺及质量参数达上千个，是最复杂的工业控制过程之一。我国高端冷连轧工艺装备与控制系统曾长期依赖进口，但引进的三维尺寸、表面与轧制稳定性等核心控制软件均为"黑箱"，成为瓶颈问题。同时，工艺机理模型受制于简化性假设条件，难以支撑更高精度的控制需求；传统控制方式对于众多工艺参数的交叉耦合考虑不足，造成机架内与机架间控制过程的相互干扰，也限制了产品质量和生产线运行水平的进一步提升。

2　解决问题的技术思路

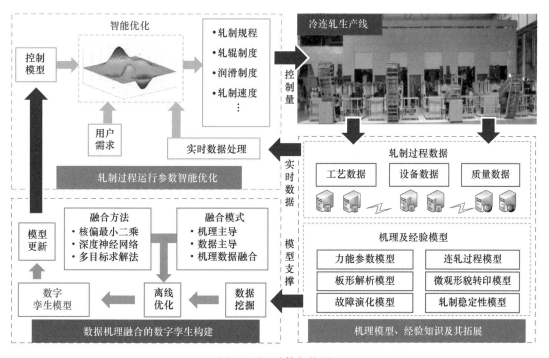

图 1　项目总体架构图

项目团队丰富了三维尺寸、微观形貌和轧制稳定性等基础理论，引入数据驱动方法提升了轧制数学模型的精度，以智能优化方法实现了轧制过程的协调优化，突破了冷轧控制当中的厚度-张力协调、板形高精度控制、表面质量控制、高速稳定轧制等核心理论与技术难题。

形成了带钢冷轧数字化控制全套控制系统并形成对外技术优势，实现了从"静态设定-独立控制-被动调整"到"动态优化-综合协调-主动适应"的转变，满足了冷轧带钢极薄厚度、更高精度、更优表面和更高稳定性的生产需求。研发出高端精品带钢高效冷轧智能化成套工业控制系统并实现了产业化推广应用，打破了国外长期技术垄断。

3 主要技术进展及其创新性

3.1 主要技术进展

·技术进展一：形成了轧制规程自适应与多机架厚度-张力综合协调方法

（1）创建了冷连轧厚度-张力数字孪生模型，明确了多机架耦合运行机制。基于机架间的工艺参数交叉耦合与过程传递，构建了多机架综合数字孪生模型，获得了轧制工艺参数对各机架厚度和张力的影响规律，精准再现了多机架厚度-张力的动态演变过程，建立了辊缝、速度调节等对厚度和张力的控制功效模型。

（2）设计了轧制规程动态自适应设定方法，精准匹配了摩擦状态演变规律。结合轧制机理模型建立了参数自适应的目标函数，基于加减速过程生产数据挖掘出辊缝、速度和厚度等工艺参数的耦合关系，提取出辊缝预测模型并验证了有效性。提出了复杂多变工艺状态下的辊缝和张力自适应补偿策略，提升了非稳态过程控制模型匹配程度。

（3）提出冷连轧协调优化新模式，形成了多机架厚度-张力综合控制策略。提出了基于预测控制的单个机架厚度-张力控制策略，率先将分布式协调优化方法引入到连轧控制当中，如图 2 所示，提出了基于邻域优化的多机架厚度-张力整体控制策略，机架速度扰动下的厚度波动从 0.013 mm 下降到 0.0075 mm。综合上述技术，针对 0.18 mm 带钢实现了厚度精度小于 ±2.5 μm 的高水平控制。

·技术进展二：创建了板形解析数学模型与板形精准控制信息物理系统

（1）创建了板形精准解析数学模型，阐明了比例凸度-宽展-板形耦合效应。构建了考虑宽展变形和原料状态的板形分布预测解析模型，显著提升了极限宽厚比情况下

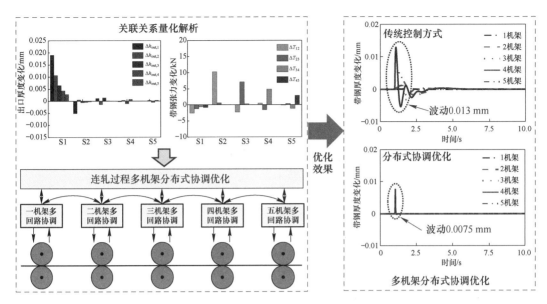

图2 多机架厚度–张力分布式协调优化

的板形预测精度。阐明了比例凸度结合宽展变形与板形偏差之间的耦合效应，分析了板形缺陷产生的原因，揭示了比例凸度结合金属横向流动影响的板形缺陷位置演变规律。

（2）提出了板形调控功效获取新方法，并结合生产数据实现了实时优化。构建了板带钢轧制过程的全维度弹塑性有限元模型，获得了各工况下轧制压力和辊间接触压力的分布状态，明确了板形调节对带钢凸度和边部减薄的影响规律。提出了正交信号校正改进的偏最小二乘算法，基于板形变化量与调控机构调节量的对应关系，结合生产数据实时优化了板形调控功效系数。

（3）研发了板形预测模型与智能优化算法，创建了板形控制信息物理系统。以板形解析机理模型和经验知识为先导，建立了以数据为基础的高精度板形数字孪生模型。构建了以数字孪生模型为核心、以多目标协调优化为特征的板形控制信息物理系统，实现了冷连轧多机架工艺参数动态优化设定，0.18 mm 典型薄规格带钢的板形标准差从 8.10 IU 降低至 6.22 IU，控制精度提升 23.2%。图 3 所示为板形智能协调优化控制。

· 技术进展三：研发了表面微观形貌检测与差异化的轧制转印调控技术

（1）研制出带钢与轧辊表面微观形貌检测装置，建立了微观形貌表征方法。建立了功能性钢板微观表面质量的参数评价体系，分别研制出在线与便携式的带钢、轧辊表面的形貌检测装置，满足了工业现场表面微观形貌的测量与评价需求。建立了表面微观形貌分析平台，实现了表面微观形貌的数学表征与数字化重构，为研究钢板表面

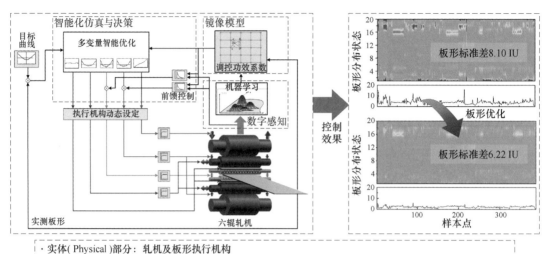

图 3　板形智能协调优化控制

微观形貌的轧制转印行为与宏观表面效应机理奠定了基础。

（2）揭示了表面微观形貌的轧制转印机理，开发出粗糙度在线预报系统。建立了带钢表面微观形貌轧制转印生成模型，揭示了带钢表面微观形貌的轧制转印机理与遗传演变规律。建立了轧辊表面微观形貌细观磨损的离散元与元胞自动机模型，明确了工作辊表面微观形貌磨损机理与规律。开发出带钢与工作辊表面粗糙度在线预报系统，指导轧制工艺，优化换辊制度。

（3）明确了宏观表面效应与微观形貌对应关系，形成了微观形貌控制技术。揭示了表面微观形貌对可见光反射与散射行为的影响机制，以及微观形貌对涂镀层流动铺展行为的作用机理，明确了美观性、粘附性等宏观表面效应与微观形貌的对应关系。提出镀锡基板表面微观形貌转印控制策略，优化了轧辊毛化工艺和服役制度，表面微观形貌参数命中率大于95%。

·技术进展四：开发出关键设备健康状态与轧机稳定状态评估成套技术

（1）建立了轧机故障演化机理模型，明确了轧机故障与数据波动的关系。建立了轧机轴承内圈磨损、滚动体裂纹等微弱故障演化动力学模型。开发了嵌入生成对抗网络模块的多通道卷积神经网络故障诊断模型，实现了非均衡训练集条件下的轧机轴承故障分类识别和诊断；开发了融合长短时记忆的多通道卷积神经网络故障诊断模型，实现了轧机齿轮箱故障分类识别和诊断，准确率达95%以上。

（2）揭示了轧机振动失稳的根源，创建了多参数耦合轧制稳定性数学判据。建立了轧制力能参数和质量-弹簧系统轧机动力学模型，揭示了由张力引起的负阻尼效应

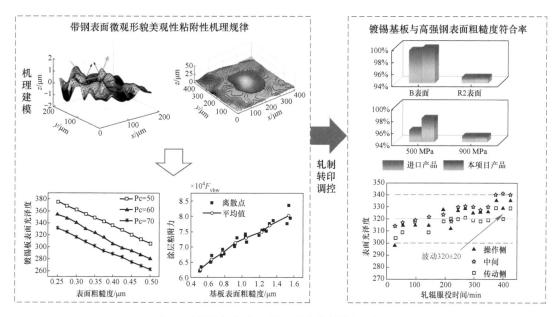

图 4 功能性钢板表面微观形貌轧制转印调控效果

是轧机高速振动的本质原因。提出了多工艺参数耦合的轧机振动显式数学判据，量化解析了工艺参数与振动之间的关系，极限速度预测偏差小于 5.3%。明确了轧制工艺参数的稳定性区间，为工艺参数的协调优化提供了理论依据。

（3）明确了振动幅值的参数贡献率，设计了轧机异常振动预警与抑制策略。结合振动机理和数据特征分析，明确了工艺参数对轧机振动幅值的贡献率。融合轧制工艺参数与振动数据，给出了轧机振动状态在线监测方法。提出了通过张力、润滑等工艺调整而不降低轧制速度的振动抑制策略，实现了 T5 级 0.18 mm 薄硬带钢 1450 m/min 的高速稳定轧制，突破了国内外同等产线 1200 m/min 的速度极限。

3.2 主要创新点

（1）形成了轧制规程自适应与多机架厚度-张力综合协调方法。明确了交叉耦合运行机制，量化解析了多机架关联关系，提出了非稳态轧制过程的动态自适应设定方法，形成了多机架分布式厚度-张力协调控制新模式，有效抑制了非稳态厚度波动和机架间扰动，显著提升了冷轧带钢厚度精度。

（2）创建了板形解析数学模型与板形精准控制信息物理系统。突破了经典板形理论的局限，创建了考虑原料状态和宽展变形的板形数学模型，阐明了比例凸度-宽展-板形耦合效应，提出了数据与机理融合的板形调控功效系数获取新方法，创造性构建了板形控制信息物理系统，实现了薄带钢板形的精准协调控制。

（3）研发了表面微观形貌检测与差异化的轧制转印调控技术。研制出带钢表面及

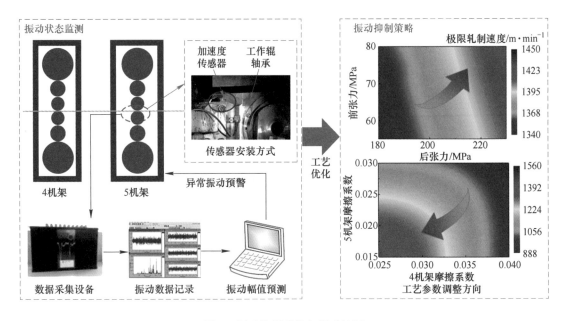

图 5　振动数据采集与振动抑制

轧辊表面微观形貌检测装置,揭示了高端功能性钢板的印铁美观性、冲压储油性、涂镀层粘附性与表面微观形貌的对应关系,动态优化了轧制工艺与轧辊使役制度,有效提升了各类高端冷轧带钢的表面微观形貌符合率。

(4) 开发出关键设备健康状态与轧机稳定状态评估成套技术。设计了轧机轴承、齿轮箱等关键设备故障诊断与健康度预测评估方法,提出了多参数耦合的轧制稳定性数学判据,形成了通过张力、润滑等工艺自适应调整而不降速的振动抑制策略,保障了关键设备安全可靠运转与轧机稳定高效运行。

4　应用情况与效果

4.1　应用业绩

项目团队经过十余年的产学研用协同攻关,成功研发了高品质带钢冷轧智能化控制系统,在迁安思文科德薄板建成了我国第一条完全自主开发控制系统的宽带钢冷连轧生产线。截至目前,相关技术已应用于国内外 26 条高端冷轧生产线。项目团队在宝武、鞍钢、沙钢对国际顶级的 PRIMETALS、TMEIC 等引进冷连轧控制系统进行升级优化,在山东冠洲冷连轧控制系统改造项目当中,首次实现了自主研发控制系统全套替换国外引进系统。同时,板形控制核心技术输出至韩国高端汽车用钢制造企业现代制铁。

4.2 经济效益

冷轧智能化核心技术已经应用于宝武、鞍钢、沙钢等 20 余条高端冷轧生产线，生产出汽车板、电工钢、镀锡板、高端不锈钢等精品板带材，广泛应用于交通、能源、国防军工等重点领域，满足了我国国民经济和国家重大工程建设的迫切需求。近三年，项目研发单位与部分应用企业新增销售额 138.44 亿元、新增利润 11.19 亿元。

4.3 社会效益

本项目的成功实施，使我国拥有了冷轧智能化工艺装备与控制系统的全套自主知识产权，填补了国内同类产品的空白，提高了我国冷轧的自主研发、制造和配套能力，大幅降低了采购、运行维护和升级改造成本，打破了行业内由德国、日本等国外集成商垄断的市场定价规则和服务模式。项目实施团队攻克了制约我国板带材冷轧高质量发展的瓶颈问题，形成了系列化成套专有技术和产品，取得了一批达到国际领先水平的技术成果，实现了高端精品带钢高效冷轧自动化与智能化控制系统的"从无到有、从有到优"，打破了国外长期技术垄断，引领了大型高端冷连轧机组的自主创新和国产化进程。

在推动钢铁领域跨越式发展的基础上，轧制工艺装备、三维尺寸、表面质量与轧制稳定性等智能化核心控制技术，跨领域推广到有色金属冷轧生产线，带动了有色行业的科技进步与高质量发展。项目实施过程中，开创性实现了国产激光焊机、辊系专用轴承、液压伺服系统、交/直流传动装置、测厚仪、板形仪等关键工艺设备与核心元器件的规模化应用，带动了装备制造、电气传动、仪表检测等上下游产业的发展。

通过项目的实施，建立了科研院所、高校及用户联合研发协同创新模式，培养了大批工程、技术和管理人才，形成了冷轧领域系列化的核心技术标准及规程规范。对推动我国钢铁行业结构调整与转型升级，向高端制造和智能制造发展具有重要意义，从总体上提高了我国高精度板带轧制生产水平，大大增强了我国在钢铁领域的核心竞争力，为国家战略的实施提供了技术支撑。

孙　杰

冷轧过程数字孪生模型及
多目标动态优化

1　研究背景

冷轧生产是大规模制造精品带钢的生产过程，也是最复杂的工业控制过程之一。酸洗—冷连轧机组轧制速度可达到 30 m/s，精度达到微米级，需要高速、高精度模型以保证产品质量的稳定性（时间维度）和一致性（尺寸维度）。然而，由于冷轧过程具有时变、深度非线性及不确定性等特点，存在润滑状态、带钢头尾力学性能、设备工况等多种多样难以表述的"黑箱"，使得对于整个连续轧制过程的准确机理建模存在本质困难。另外，冷轧工艺约束严格且在轧制过程中动态变化，除设备能力约束外，还受到轧机振动、带钢打滑、热划伤等诸多工艺条件的约束，并且在非稳态轧制过程中，约束条件会随带钢规格、轧制速度、润滑工艺的变化而变化。冷轧控制系统尤其是数学模型作为关键核心技术，西门子、日本三菱日立等国外引进模型及系统大多是基于静态建模方式的机理模型和经验知识，主要是基于稳态轧制工艺条件根据不同的负荷分配策略制定轧制规程，系统中并无针对不同轧制工况的工艺优化与动态调整，轧制工艺制度的调整没有实现模型化的定量描述，更没有在控制过程中得到充分利用。

近年来，随着人工智能、数字化等技术的发展，能够利用生产数据进行学习，精准描述轧制过程的动态数字孪生模型，以及实现自主协调与优化控制的信息物理系统，为冷轧产品质量及生产运行水平的提升带来了新思路。针对数字化冷轧过程，通过融合轧制机理和生产过程数据，构建变形抗力、摩擦系数等关键参数及打滑、振动等工艺状况的在线感知模型，并形成板形-板凸度-厚度三维尺寸孪生模型，实现工艺状态和产品质量一体化实时预报，提高了轧制力、辊缝、板形和板厚设定精度；同时，综合考虑负荷均衡、板形板厚良好及防带钢打滑等工艺和质量指标，建立描述运行状态指标的多目标函数，开发出面向复杂多变工艺约束条件下的轧制工艺在线优化设定方法，通过动态优化各机架压下分配、轧制速度等可调节参数，使轧机运行处于最佳状态，解决"轧制特征建模难""运行状态感知难"和"自主协同实现难"等问题。图 1 所示为融合机理和数据的轧制过程模型系统。

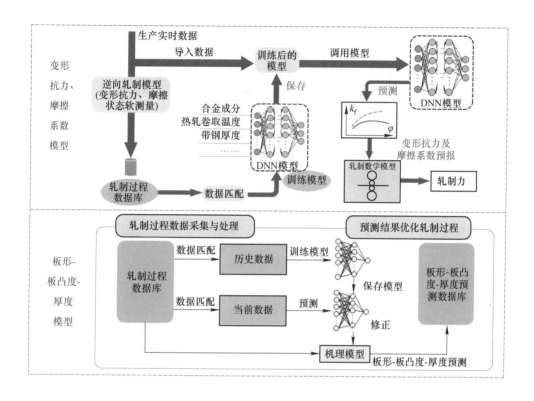

图 1　融合机理和数据的轧制过程模型系统

项目成果已推广到迁安市思文科德薄板科技有限公司、山东冠洲集团、沙钢集团、唐钢集团和鞍钢集团等冷连轧生产线，以及宁波宝新不锈钢、鞍钢硅钢等冷轧二十辊单机架轧机机组上，并实现了对 TMEIC、SIEMENS 等国外高端引进系统的模型升级，完成了国产化替代，实现了从无到有、从有到优的跨越，取得了良好的应用效果。采用以数据驱动为核心的建模方法比传统数学模型的预测精度有了明显提高，非稳态过程轧制力预测误差控制在±2% 之内，弯辊力设定误差在±5% 以内，板形预测 92% 样本误差小于 1 IU，板凸度预测 98% 样本误差小于 2 μm，获取了非稳态时辊缝、张力、速度等参数的高精度预设定。多目标动态优化方法与传统负荷设定方式相比，轧制效率和产品质量均提升 5% 以上，通过动态优化方法实现了 0.172 mm 厚度 T5 镀锡基板 1450 m/min 稳定轧制，突破同类工况 1200 m/min 速度瓶颈。图 2 所示为数字化轧制过程系统实施效果。

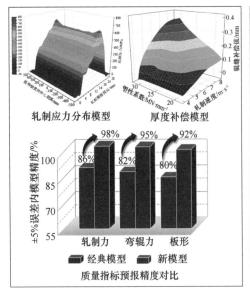

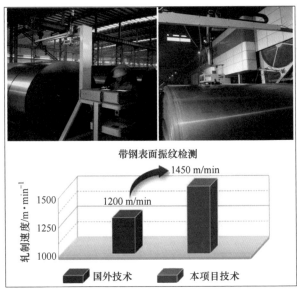

图 2　数字化轧制过程系统实施效果

孙　杰

基于机理仿真与数据驱动的板形调控功效分析

现代冷连轧机通常具备多种板形调节手段，并且需要根据板形缺陷在带材中的实时分布情况，综合运用这些手段进行消除。板形调控功效（Flatness Actuator Efficiency，FAE）被用来定量描述轧机板形调节手段的性能，这种对板形调节效果的直接定量分析使得板形控制模型从板形模式识别的解耦计算中解放出来，基于该概念的板形控制系统推动了板形控制水平与控制精度的进一步提高。因此，采用调控功效系数矩阵的多变量最优板形控制算法得到了广泛应用，这为开发多变量最优闭环控制系统奠定了基础。然而，由于板形调节机构对带材形状的影响和调节机构之间的相互影响比较复杂，传统的变形理论和轧制实验难以准确地求出调控功效系数。鉴于上述板形控制领域的工程难题，我们在分析现代不同板带轧机板形调节机构对带材横截面形状和板形影响的基础上，创新性地提出了一种板形调控功效分析方法（图 1）。该方法结合 FEA 轧制过程变形机理仿真、板形偏差数学建模和工业数据驱动，成功获取不同板带轧机的板形调控功效系数矩阵，并且获得的板形调控功效系数矩阵在多条带材轧制线上进行了在线测试和应用。该方法不依赖于某种类型板带轧机或者生产线，有完整且清晰的技术路线，具有安全可靠、可移植性强、成本低等优势。

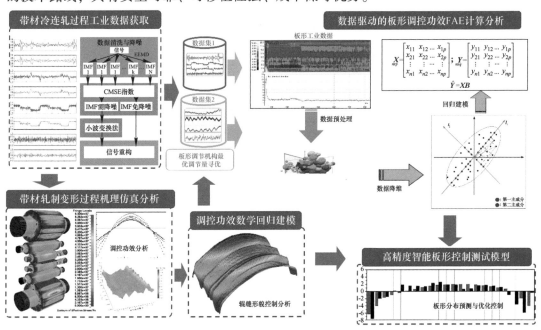

图 1　基于 FEA 轧制变形机理仿真与数据驱动的板形调控功效分析示意图

该研究方法涉及理论、仿真与数据驱动等多方面内容。首先，通过建立不同板带轧机的高精度三维数值仿真模型，分析了不同规格带材在不同工艺条件下轧制过程中板形缺陷产生的原因，以及板形良好的工艺窗口，分析了辊缝形貌在不同荷载下的变化规律，获取了轧机的辊缝凸度调节域。其次，根据中间辊横移对轧制力、带材出口厚度、凸度和压下率的影响，建立了数学回归模型描述中间辊横移对轧机纵刚度特性的影响，并得到了轧机的横刚度特性曲线。此外，基于带材轧制过程秒流程恒定原理，将金属横向流动的位移函数引入到板形解析建模中，首次建立了考虑宽展变形影响的板形理论解析模型。利用该模型分析了轧制过程中由比例凸度变化导致板形缺陷产生的机理，并阐明了不同轧制工艺条件下板形缺陷由简单到复杂的演变规律与影响因素。结合数值仿真模型与数学解析模型，分析获取了工作辊弯辊、中间辊弯辊和中间辊横移的板形调控功效曲线，根据工作辊弯辊和中间辊弯辊对不同横截面形状带材凸度和板形的影响，研究了工作辊弯辊和中间辊弯辊的板形控制侧重点。最后，利用生产现场的板形工业大数据，建立了基于主成分分析算法的最小二乘回归模型与基于正交信号校正法改进的偏最小二乘回归模型，分别根据建立的回归模型和经验法计算获取了工作辊弯辊、中间辊弯辊和轧辊倾斜的调控功效系数，并进行了精度对比验证，板形模拟测试试验中板形标准差仅为 0.26 IU。图 2 所示为板形调控功效系数矩阵的在线测试实验。

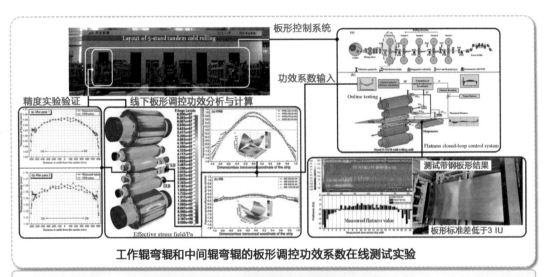

▷ 闭环控制投入后，板形标准差迅速下降到5 IU以下，并稳定在3 IU以内
▷ 数据驱动结合FEA分析获取板形调控功效系数的方法具有很高的精度
▷ 解决方案不依赖于某个轧机或者生产线，具有可移植性强、成本低、可操作性强等优势

图 2　板形调控功效系数矩阵的在线测试实验

该板形调控功效分析与解决方案具备完全知识产权，基于此方法已发表 SCI 论文

10 余篇，获授权中国发明专利 4 项、美国发明专利 1 项，并成功推广应用到韩国现代钢铁、唐山钢铁、鞍山钢铁、山东冠洲钢铁以及迁安思文科德等多条国内外冷连轧带材生产线。这一研究方法集成了数值仿真、数学分析与实际工业数据验证，并在实际生产中取得了显著成果，为板形相关工业领域提供了重要的技术支持和指导。

孙　杰

冷连轧多机架厚度-张力协调优化控制

冷连轧轧制工艺系统中，厚度与张力控制系统由多个单独机架的轧制子系统组成，且机架之间质量特性遗传、耦合性强，轧制机理复杂，与产品质量直接相关的控制参数和质量目标参数众多。在生产线启停、轧机过焊缝以及多规格混轧等变速轧制过程中，摩擦状态差异、轧件变形抗力及纵向变厚度等工况会造成剧烈的工艺参数波动，引发轧制状态变化并向上下游所有机架传递，造成各机架的交叉耦合，使得整个过渡过程存在不明晰的冲击或干扰。再加上运行的冷连轧模型灵活性差、匹配度低，难以准确描述非稳态过程工作机理，导致前滑、轧制力等关键参数设定存在较大偏差。因此，受到各种干扰因素的影响，冷连轧轧制状态变化错综复杂。为了提高冷轧产品质量指标和生产稳定性，依托高校实验轧制平台和海量的现场数据对冷连轧厚度-张力过程展开研究。借鉴生产数据和先验知识，融合轧制机理与数据建模，分析轧制状态的动态演变过程，获取各轧制工艺参数对厚度和张力的影响规律。在机理模型的基础上，感知轧制过程工艺参数动态规律，建立全流程高精度厚度-张力模型并辨识优化。依托可获得过程大数据，应用数据与算法领域先进智能理论与技术，围绕轧制数字化模型优化、粗精调厚度控制、厚度补偿控制、机架间张力控制、厚度-张力协调优化控制等方面进行厚度质量智能化控制，提高带钢厚度控制精度和生产稳定性。最终，通过优化轧制过程关键工艺参数，抑制张力波动，提高减少厚度张力耦合影响，实现全流程的协调精准控制研究的突破。图1所示为冷连轧厚度-张力协调优化控制。

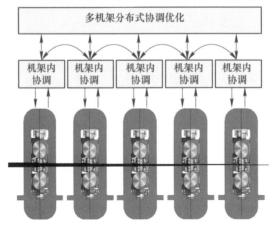

图1　冷连轧厚度-张力协调优化控制

东北大学轧制技术及连轧自动化国家重点实验室（RAL）冷轧团队在冷连轧控制系统方面做了大量的工作，对从国外引进冷连轧机组自动控制系统进行消化和吸收，已经完成了多条1450 mm酸洗冷连轧机组建设及自动化控制系统研发项目，完成了大型薄板酸轧联合机组计算机控制系统的硬件集成与软件研发，有力推动了高端大型冷连轧机组国产化的进程。冷连轧厚度-张力协调控制成果已在河北迁安思文科德薄板科技有限公司、江苏沙钢集团、山东冠洲钢铁有限公司、北京首钢顺义薄板有限公司、鞍山钢铁集团、河北唐山钢铁集团等多家冷轧生产线应用。生产的板带、硅钢等产品的质量控制均达国际领先水平，为提高轧制过程稳定性和产品厚度指标提升提供了技术支持。例如，沙钢1号冷连轧生产线成品的厚度精度大幅度提高。轧制钢种为SG50W800、成品厚度为0.5 mm的硅钢，升速阶段成品厚度标准差平均值分别为1.51 μm，稳态轧制阶段成品厚度标准差平均值为1.07 μm，降速阶段成品厚度标准差平均值为1.35 μm，相比于优化前，成品厚度精度大幅度提高。头部厚度超差长度平均值为12.54 m，尾部厚度超差长度平均值为2.73 m。东北大学RAL团队三电总承包的思文科德1450 mm酸洗冷连轧机组完成热负荷试车，一次性过钢成功，第一卷成品规格为0.8 mm×1015 mm冷轧带钢下线，该产线年生产能力80万吨，主要生产厚度0.12~0.5 mm，宽度750~1300 mm的精品冷轧超薄薄板和高端镀锡板。产品面向国内国际市场，广泛用于建筑、家电、食品包装、汽车、电子等高科技领域。图2所示为冷连轧厚度-张力协调优化控制技术应用成果。

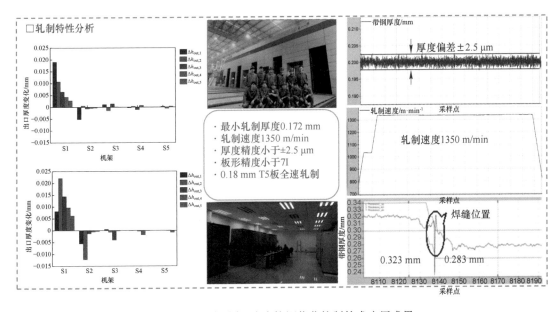

图2　冷连轧厚度-张力协调优化控制技术应用成果

孙　杰

冷轧电工钢边降控制关键技术

电工钢是中国国民经济建设不可缺少的重要原材料之一，也是变压器、家用电器、电子、电机，以及国防、军工等行业的核心原材料产品。边部减薄（又称边降）是冷轧硅钢非常重要的一个质量指标，对于电工钢产品更为关键。带钢的边部减薄量越大，轧后带材的切边量也越大，产品的成材率越低。边部减薄所造成的同板差缺陷会降低材料的冲压成型性能，导致镀锡板和汽车用钢板等在冲压成型加工中产生裂纹问题。冷轧硅钢产品用于电机或变压器制造时，同板厚差的导致叠片系数减小、磁通密度小、空气隙增大、磁感应强度降低、激励电流大，电气设备的电磁转换效能低。边部减薄控制技术是冷轧硅钢生产中继厚度控制和板形控制之后的又一技术难题。基于 K-WRS（Kawasaki-Work Roll Shift）技术改进的锥形辊技术在边降控制中广泛应用，针对工作辊可窜动轧机改进的光滑过渡曲线和多段式曲线有效改善了传统锥形辊辊形过渡处应力集中和带钢易跑偏断带的问题；对于不可窜动的轧机陆续设计了 EVC（Edge Variable Crown）、EVC-plus，EDW-N（Edge Drop control Work roll）等辊形。锥形辊技术的发展如图 1 所示。

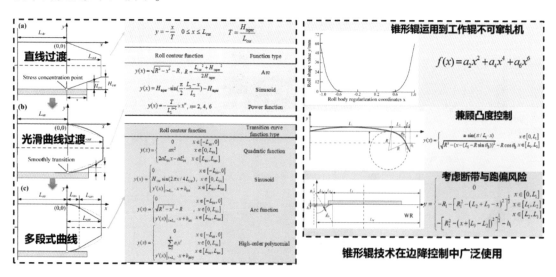

图 1 锥形辊技术的发展

运用单侧圆弧辊形，宝钢 1420 mm 冷连轧机组 DI 材的边部减薄量控制在 5 μm 以内，1550 mm UCMW 冷连轧机组中低牌号边降控制在 5 μm 以内；新余钢铁使用倒角辊将电工钢边降小于 10 μm 的合格率提高到 94% 以上；采用高次曲线辊形，马钢

1720 mm 酸连轧将 M50W1300 边降合格率由 32.5% 提高到 98%，利用 EVC 辊形，1420 mm UCM 单机架生产 M50W800、M50W600、M50W470 的切边前边降值 C15 小于 10 μm 合格率的提升到 99%、99% 和 98%，对 EVC 辊形进一步优化后，同板差均值由 10 μm 减小至 7 μm 左右；攀钢冷轧厂对辊形优化后使无取向电工钢边部减薄从 25 μm 降低到 10 μm 以下；运用 EVC-plus 辊形，涟钢 1720 mm 五机架 UCM 产线硅钢同板差平均值由 12 μm 下降到 4 μm，对同板差改善效果明显。

UCMW 轧机配备基于工作辊窜辊功能的边降自动控制系统，国内宝钢、武钢、首钢和太钢先后引进了该系统，国内研究人员经过消化吸收以后，根据现场情况进行了相应的改进和优化，取得了很好的边降控制效果。鞍钢自主研发的硅钢 1500 mm 冷连轧机边部减薄控制技术是国内第一次自主研发并工业应用的硅钢冷连轧边部减薄控制核心技术，成卷带钢的边部减薄量不大于 5 μm，达到了国际领先水平。该项目完成了国内第一套工业应用级的冷轧硅钢边部减薄控制系统，打破了国外公司对冷轧硅钢边部减薄控制技术的长期垄断，使中国成为掌握全套工业应用级冷轧硅钢边部减薄控制核心技术的国家。项目的成功实施也是我国冶金装备领域核心技术自主创新的重大进步，其核心技术填补了国内空白。图 2 所示为边降自动控制系统。

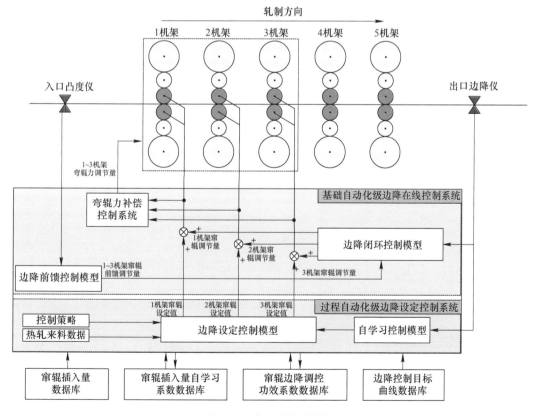

图 2　边降自动控制系统

　　硅钢生产的不同阶段对边降控制有不同的要求，提高热轧来料断面质量可为冷轧硅钢的同板差控制创造有利条件。近 20 年来，北京科技大学在武钢、首钢、马钢、鞍钢、新钢集团等多条硅钢生产线上开展了硅钢板形优化研究，提出了热轧近似矩形断面控制技术、粗轧负荷分配优化技术、变凸度支撑辊技术降低中间坯凸度，辅以带钢边部加热技术降低中间坯边部与中部的温差，改善边部质量；在精轧前机架利用连续变凸度轧辊技术与变凸度支撑辊技术提高凸度控制能力；在精轧的后三机架利用边降控制工作辊结合智能长行程窜辊技术实现对热轧断面形状的近似矩形控制。基于该项技术控制的热轧来料可使冷轧带钢的同板差降到 7 μm 以下。

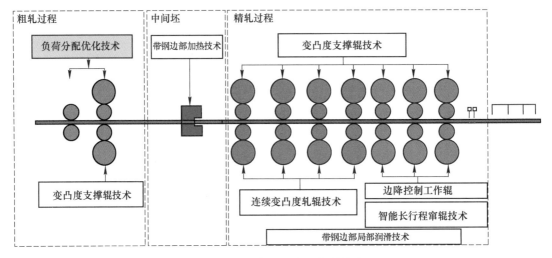

图 3　热轧近似矩形断面控制技术

孙　杰

冷轧过程轧机振动预测与控制

轧机在高速状态下轧制高强度薄规格钢时，轧机容易出现自激振动的问题，产生严重的厚度偏差和板形问题。近年来，轧机振动已被公认为是高速轧制的技术瓶颈问题，研究冷轧轧机振动机理和振动稳定性具有十分重要的意义。

当轧机出现异常振动时，会导致以下几个方面的问题：首先，三倍频轧机振动会不断改变辊缝的大小，从而导致带钢产生明显的厚度偏差、板形偏差，而五倍频振动会使带钢表面出现明暗相间的振动条纹，严重影响着产品的表面质量；其次，振动会导致轧辊和轴承产生不均匀磨损，轧辊表面上出现辊印，进一步缩短了换辊周期，加剧了轧辊的使用消耗，最终导致产线设备运行维护费用的增加；再次，当轧机中出现自激振动时需要及时减速才能有效抑制振动，从而造成轧机的实际最高轧制速度远低于产线的设计最高轧制速度，大大降低了产线的生产效率；最后，当轧机发生自激振动时，将会产生强烈的噪声，可能会出现轧辊断裂、轧机损坏或者造成断带事故，威胁现场操作人员与设备的安全。

近年来，随着大数据、人工智能、数字化等关键领域不断发展，在钢铁行业利用智能算法同时结合工业数据的收集与处理方法得到广泛推广，建立基于数据驱动的新型轧机振动分析模型能克服传统振动机理模型在建模时严重依赖专业知识、建模过程复杂、模型精度进一步提升受限的缺点和不足。轧制过程的实时监测、快速诊断及轧制过程工艺参数的优化已成为轧制领域最迫切的需求。

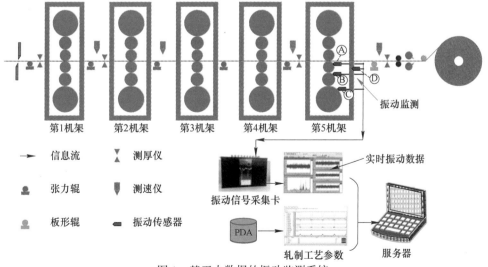

图 1　基于大数据的振动监测系统

　　基于现场实际轧制过程数据及已有研究的数据对所提出的振动稳定性判据、摩擦系数下限值数学模型进行了验证，结果表明所提出的振动稳定性数学模型具有较高的准确性。控制第4、5机架摩擦系数是提高轧机振动稳定性的关键，在保证前后机架不出现负前滑的前提下，维持末尾机架较低的摩擦系数并维持机架间摩擦系数平衡是抑制轧机自激振动的关键；在保证标准大气压下润滑油黏度不超过0.04 Pa·s的前提下，提高润滑油黏度能显著提高轧机的振动稳定性；当第4机架前后张力都为206.5 MPa，第4机架压下率为32.6%，第5机架压下率为35.5%时，轧机的振动稳定性最高。

　　利用数据驱动的方法建立了一种新的冷轧轧机振动监测系统，用于监测振动加速度幅值预测值与实际值差异的轧机异常振动。该振动监测方法能有效感知出轧制过程中出现的异常三倍频振动问题；利用现场大数据，XGBoost模型的加速度幅值回归预测模型的MAE误差为0.0189 g，MAPE误差为9.7%，平均RMSE误差为0.0268 g，预测结果精度高、样本分布集中；数据集大小对XGBoost模型预测结果几乎没有影响；XGBoost模型回归预测模型适用于轧机振动加速度幅值的预测。图2所示为轧机振动控制技术实施效果。

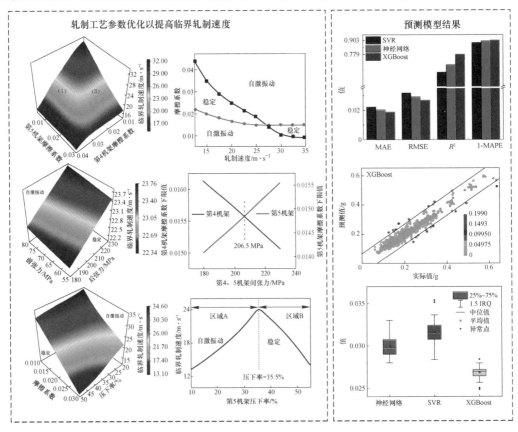

图2　轧机振动控制技术实施效果

孙　杰

数据驱动的带材冷连轧板形预测

带材板形控制与板形偏差分布预测在冷连轧生成过程中是一个重要且充满挑战的工程问题。板形偏差对产品质量和尺寸形状有直接影响，严重的板形缺陷可能导致诸如轧制速度降低、断带和设备损坏等严重事故。然而，带材冷连轧作为典型的流程工业，其板形偏差分布预测是一项涉及大量板形执行机构、轧制工艺和控制变量及驱动和传感之间延迟的多输入和多输出任务，这为预测带来了多层级非线性问题的挑战。传统的预测模型主要基于物理过程，侧重于力学和变形机理，而基于数值模拟的方法由于其计算密集型和不稳定的特性，使得采用多机架有限元分析（FEA）模型进行冷连轧板形预测变得极其困难。随着工业自动化的发展，生产过程中会产生大量的数据，为数据驱动的预测方法提供了可能性。为了克服工业数据采集、网络模型设计和学习算法优化等技术挑战，我们提出了一种新颖的深度学习方法，用于解决冷连轧过程中的板形预测问题。

在带材冷连轧过程中，由于连轧机各机架之间的紧密关联，其工业数据呈现出多维和层级化的特性。因此，在设计网络结构时，需要阶段性地引入非线性变换和下采样操作。为了捕获连轧工业流程中数据和特征之间的关系，我们设计了包含轧制领域专业知识的网络结构，该结构为一种基于真实连轧过程的深度学习模型框架，采用网状层级结构，能够处理 68 维的工业参数变量，实现了多输入多输出。这个设计有效地解决了冷连轧过程中的板形预测相关的多层非线性问题。基于以上理论基础，我们开发了 Inception-ResNet 系列深度学习模型，从网络深度、网络宽度、模型计算复杂度、模型参数、训练难易程度及包括 RMSE、R^2 等性能指标的多个维度对网络进行评估，最终确定了 Inception-ResNet 的最佳网络结构。这个网络结构设计允许阶段性地聚合网络的局部和全局上下文信息，为网络提供了超出局部区域的全局信息处理能力。同时，我们采用了局部网络拓扑结构优化，使得模型在使用较少的参数和较低的计算复杂性的同时，展示出了高水平的板形偏差预测性能。因此，这个模型能够准确地追踪带材连轧过程中板形偏差的细微变化，并能精确地还原板带不同区域的平整度值分布。这项研究成果可以为板形控制系统和现场工程师提供指导，帮助其提前确定板形调节机构的调整量，从而优化平整度分布。这将对提高产品质量和生产效率产生积极影响。图 1 所示为基于深度学习与工业大数据的带材冷连轧过程板形预测系统。

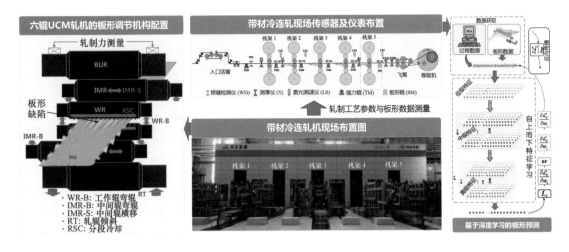

图 1　基于深度学习与工业大数据的带材冷连轧过程板形预测系统

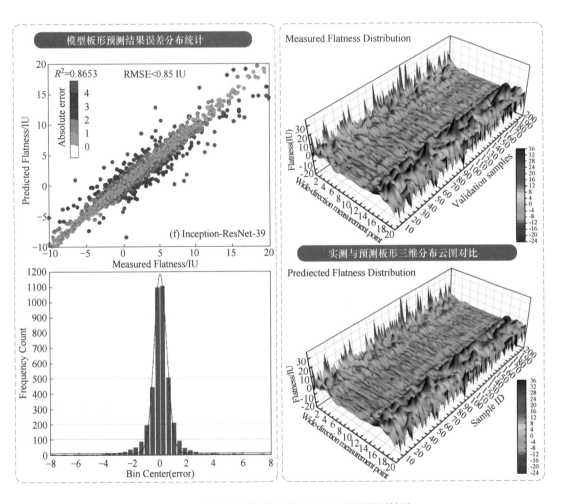

图 2　基于深度学习的带材冷连轧过程板形预测结果

基于深度学习与工业大数据的带材冷连轧板形预测方法，直接利用现场轧制工业数据建模，绕过基于轧制变形机制而无限追求求解过程可解释性的物理解析方法，能够有效地解决冷连轧板形预测中的多输入多输出的高度非线性问题。在未来带材轧制工艺与技术发展趋势中，基于深度学习的板形分布预测解决方案可以与边缘计算和物联网技术相结合，被纳入流程工业的数字孪生系统，以优化带材冷连轧过程。该方法可以直接验证和测试轧制过程中板形偏差的产生原因，快速定位板形缺陷，并评估基于实际轧制过程的板形缺陷物理解决方案的实用性和效率。此外，基于深度学习的板形预测控制算法可对干扰和波动做出快速响应。图2所示为基于深度学习的带材冷连轧过程板形预测结果。此方法为带材冷连轧生产提供了一种可供参考的转移应用流程，以建立流程工业的智能制造系统。

孙　杰

数据驱动的冷轧非稳态过程自适应控制

冷轧轧制对工艺状态的变化极其敏感，尤其是升降速轧制期间，轧制状态由稳定状态过渡到非稳态过程，受工艺润滑状态的剧烈变化，诱发轧制力、前滑等工艺参数交叉耦合作用，造成厚度偏差突变，严重影响了厚度指标精度和生产稳定性。因此，如何实现冷轧非稳态轧制过程的高精度质量控制，已经成为冷轧控制亟待解决的关键节点。研究表明，在冷轧加减速过程，存在很多因素影响轧制工艺，如带钢与工作辊之间的摩擦系数、轴承之间的油膜厚度、轧辊的热膨胀等。随着轧制速度的提高，轧制过程的润滑状态将由边界润滑向混合润滑过渡，最终成为流体动力润滑，润滑状态的改变使轧制力波动，最终影响带钢厚度。近年来，数据驱动技术在自动化控制方面应用逐渐深入。依托实验轧机平台，展开升降速冷轧试验，采集速度、辊速及轧制力等实时数据，结合轧制工艺和试验带钢性能，反算工艺参数，进行参数校验试验。综合考虑辊缝、辊速和带钢变形抗力等工艺参数对摩擦系数的影响，研究摩擦状态动态规律和轧辊磨损规律，分析在摩擦状态变化、厚度公差不均及材料性能差异等复杂、时变工况下关键参数间的物理关系。并且得益于现场高响应和高精度的数据感知系统，利用大数据方法实现轧制工艺关键数据特征的提取，并对非稳态过程数字化模型进行优化，确定以轧机速度和材料塑性为基准的升降速补偿参数映射。同时，实时比对厚度偏差数据，设定分层级自适应系数，对升降速过程的补偿参数进行动态优化调整。最终，通过实现厚度控制系统在升降速过程进行厚度偏差预补偿，有效抑制厚度检测滞后对厚度精度的影响，极大地减少自动厚度控制系统的工作负荷，解决了复杂、时变工况下机理与数据的轧制过程动态耦合规律的关键科学问题，提出了冷轧升降速非稳态过程动态补偿的关键技术（见图1）。

该基于升降速补偿控制成果已在河北迁安思文科德薄板科技有限公司、江苏沙钢集团、山东冠州钢铁有限公司、广东中山中粤马口铁工业公司、海南海协工业公司等多家冷轧生产线应用。生产的板带、硅钢等产品的质量控制均达国际领先水平，为解决冷轧生产过程中的升降速质量精度低、生产节奏慢等问题提供了良好的技术支持。例如，江苏沙钢单机架机组主要生产用于新能源汽车电机的硅钢产品，经过技术应用，最终生产测试无取向硅钢 SG35W440 和 SG50WH600 共 10000 t 以上，厚度精度 $\pm 3~\mu m$ 达标率 99.46% 和 98.91%，极大提升了硅钢产品的质量。该项目提高带钢厚度指标、

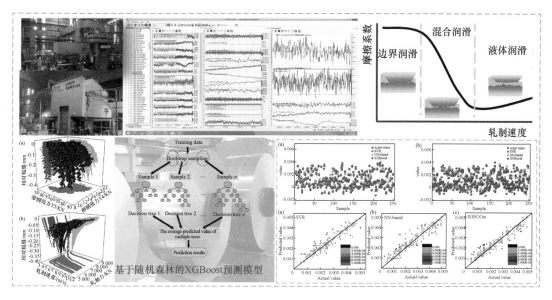

图 1　基于数据驱动的冷轧升降速补偿控制

减少带钢厚度判次后，确保硅钢合同按时交货，同时提速生产，又可以缩短硅钢交货期，使单机架机组年新增效益 500 万元/年，无形增强了中高牌号硅钢的市场竞争力和品牌效应价值。升降速补偿技术应用成果如图 2 所示。

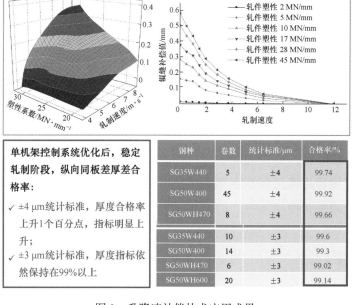

钢种	卷数	统计标准/μm	合格率/%
SG35W440	5	±4	99.74
SG50W400	45	±4	99.92
SG50WH470	8	±4	99.66
SG35W440	10	±3	99.6
SG50W400	14	±3	99.3
SG50WH470	6	±3	99.02
SG50WH600	20	±3	99.14

图 2　升降速补偿技术应用成果

孙　杰

高精度冷连轧数字孪生与信息物理系统（CPS）关键技术研发及应用

1 研究的背景与问题

高端冷轧产品如极薄带、高强钢、高品质硅钢等是重要的基础原材料，其生产过程难度更大，当前短板在于非稳态时产品质量的稳定性和一致性较差，存在厚度\板形\断面形状等缺陷，导致成材率和生产效率较低、生产成本高，无法满足低碳环保和下游产业对高端产品的严苛要求。

冷连轧控制系统属于难度极高的复杂过程工业控制系统，轧制速度快、变量多、强耦合、高响应且工况复杂。国外引进的冷连轧控制系统在生产薄硬规格等高端冷轧板时遇到两个瓶颈：（1）静态模型精度较低；（2）非稳态过程超差大。另外，原有引进控制模型的系统封闭性和功能局限性，严重制约了高端冷轧产品的自主研发拓展。

在王国栋院士指导下，以钢铁共性技术协同创新中心为平台，依托国家重点研发计划、国家自然科学基金及校企合作项目，历经二十余年自主研发高精度冷连轧数学模型，提高冷连轧控制系统对确定性工况的控制精度。进而依托工业数据和机器学习等新一代信息技术，建立冷连轧动态数字孪生模型和信息物理系统，实现对非稳态、非对称等不确定性问题的快速适应和控制能力。

本项目针对薄带钢冷连轧生产中静态模型精度低、系统间缺少协调控制及模型匹配性差等关键共性问题，以冷连轧生产线的数据感知和精准执行为基础，通过数据驱动融合工艺机理构建边缘过程数字孪生模型，并以其核心形成完整的高速过程信息物理系统，解决了薄带钢冷连轧生产的尺寸高精度控制与高速稳定性控制难题。

2 主要创新内容

（1）金属轧制过程的数值仿真与数字孪生技术。融合轧制机理及数值仿真，建立了冷连轧过程等比例高精度的板形-凸度-宽展耦合数字孪生模型，获得了轧辊辊系弹性变形及金属轧件三维塑性变形规律，为带钢板形、断面形貌、带钢厚度等关键尺寸质量指标的精确闭环调控提供了理论基础。

（2）建立了轧制过程数字孪生模型及多目标动态优化方法。针对轧制过程工艺和质量参数的不确定问题，基于工艺机理及数字孪生建模方法，首创了轧制过程的动态数字孪生模型及多目标负荷分配最优化策略，实现了复杂约束工艺条件下轧制过程的动态协同优化与控制。构建了振动、打滑、热划伤等柔性工艺约束模型，建立了轧制规程多目标优化函数，实现了不同工况下轧制规程的动态优化。

（3）制定了板形、厚度-张力 CPS 系统多变量耦合优化模型及策略。融合生产数据和知识工程，开发了以动态规划设定计算为主、专家推断为辅的板形目标专家系统。建立了板形前馈-反馈系统的多变量协调最优控制模型及预估控制策略，实现了冷连轧过程的板形控制参数动态优化。开发了基于数字孪生模型的冷连轧多策略厚度闭环控制系统和基于模糊变增益的双闭环张力控制系统，实现了多机架厚度-张力控制系统间的协同优化控制。

（4）开发了冷连轧动态数字孪生模型与信息物理系统。融合冷轧机理与大数据/机器学习等数据科学，建立了冷连轧数字孪生模型与信息物理系统（图1）。通过开发边缘数字化核心平台，运用数据科学、人工智能等技术解析建立和优化数字孪生模型，自适应地反映生产过程真实规律，代替传统的机理模型，实现全过程动态设定与控制，从而保障冷连轧生产过程的高质量控制。

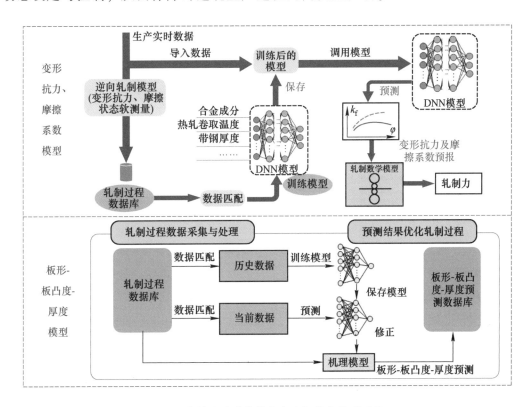

图1　高精度冷连轧数字孪生与信息物理系统

3 项目成果与应用情况

本项目相关技术成功应用于河钢唐钢、思文科德、山东冠洲等多条冷连轧产线，并已推广至韩国现代和乌兹别克斯坦 AMP 等国外冷轧企业，大大提高了产品质量及生产效率（图2）。典型规格带钢的板形精度控制在 3IU 以内、板厚精度控制在 ±2 μm 以内、超差长度控制在 5 m 以内，实现了 0.17 mm 厚度 T5 镀锡基板 1450 m/min 的高速稳定轧制。该项目授权发明专利 20 件，通过国际专利 PCT3 项，登记软件著作权 9 项，发表科技论文 26 篇，出版专著 3 部。经中国钢铁工业协会组织的科技成果评价，一致认为整体达到国际领先水平。依托该成果获得 2023 年冶金科学技术奖一等奖。

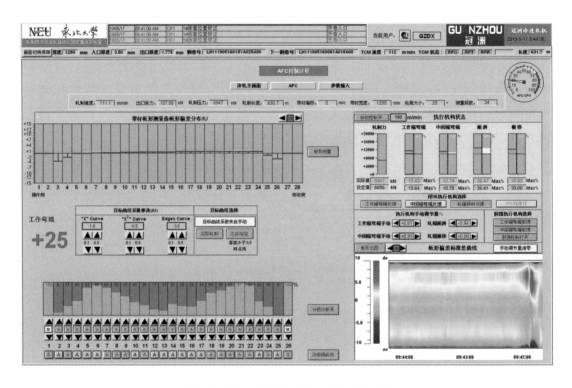

图 2　冷轧数字化控制系统典型应用情况

李　旭

冷轧带钢热镀锌质量控制数字化技术

冷轧镀锌带钢是由锌与钢板相结合形成的复合材料。在这种材料中，锌层附着在钢板表面，具有良好的防腐性能，而钢板本身具备优越的机械性能，在汽车、建筑、电器、容器、交通、能源等行业得到广泛应用。随着科学技术的不断进步，冷轧镀锌带钢生产正朝着高性能、高品质和低成本的方向发展。由于冷轧镀锌带钢生产规模和产量的不断扩大，对其镀层厚度、表面质量、可镀性以及机械性能等综合性质量控制成为关键技术。

热镀锌工序是一个典型的"黑箱"，其内部运行状况难以直接观测，例如锌层结构、组分、显微组织和力学性能等内部参数无法在线实时测量，导致实时信息极度缺乏。同时，现有的热镀锌数学模型多为机理模型，受到环境状况和操作条件波动、设备运行状态变化等因素的制约，适用性较差，难以准确解析热镀锌过程中复杂关系。近年来，随着大数据、人工智能和数字化等领域的不断发展，制造业正迎来数字化信息物理时代，推动智能化转型。对于热镀锌这类具有"黑箱"特点和复杂多相多场耦合的过程，数字化热镀锌成为展现人工智能实力的绝佳平台。

该方法通过热镀锌质量的自动识别与智能分析，建立酸洗–冷轧–连退–热镀锌等工艺输入与锌层厚度–表面质量–力学性能等综合质量输出的关联数据库。同时，利用人工智能模型进行热镀锌质量的预测与反向热镀锌工艺的优化，实现了在线智能协同的智慧热镀锌。这一方法不仅提高了连热镀锌厚度、表面质量和力学性能等方面的性能水平，还解决了酸洗–冷轧–连退–热镀锌等"黑箱"可视化的关键技术问题。同时，基于机器视觉的热镀锌带钢表面缺陷智能感知技术的开发、连退–热镀锌过程数字孪生平台的构建、以及基于数据驱动的锌层厚度控制技术的研究，都为解决酸洗–冷轧–连退–热镀锌全流程多相多场耦合机制与耦合规律提供了关键科学支持。这些技术的实施使得能够实时监测热镀锌过程的变化，预警异常波动，助力安全生产。因此，数字化热镀锌为热镀锌行业的智能化发展提供了切实可行的解决方案。图 1 所示为基于大数据与人工智能的数字化热镀锌操作界面系统。

数字化热镀锌关键技术如下：

（1）热镀锌工艺过程气刀流场模型控制技术。开发基于气刀动态数字孪生系统与动态模拟实验装置，建立热镀锌过程气刀流场优化数学模型，为典型产品规格和生产

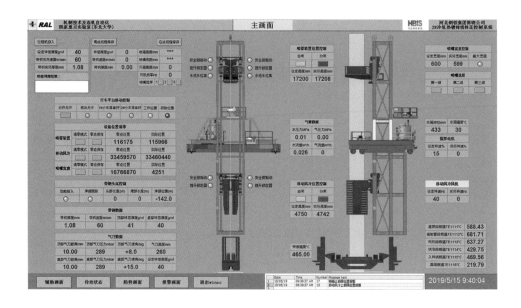

图 1　基于大数据与人工智能的数字化热镀锌操作界面系统示意图

工艺条件下热镀锌质量控制建立自适应数学模型开发的基础条件。

（2）基于机器视觉的热镀锌带钢表面缺陷智能感知技术。根据不同金属材料性能和表面质量特征，进行镀锌表面缺陷分析，开发的基于 DSP 嵌入式图像处理技术，提高在线机器视觉图像数据处理分析能力，实现在线数字图像处理分析、存储和数据传输。

（3）镀锌带钢缺陷图像样本数据库。基于数据驱动的锌层厚度控制技术，建立连退-热镀锌过程数字孪生平台，设计连续退火-热镀锌全过程动态控制系统和生产应用模型。

（4）数据驱动+机理模型耦合控制下的合金化锌层质量控制技术，开发通过研发喷气、喷氢和气雾多种快速冷却工艺与制备技术，先进高强钢等典型钢种和热处理生产技术研发，解决先进高强钢表面选择性氧化问题。

通过在气刀上方增加喷雾冷装置和移动风冷装置，有效解决了热基镀锌厚基板、厚锌层头尾中锌花尺寸不均缺陷和边部斜纹缺陷等镀层表面质量问题。采用移动风冷装置，通过风箱高度调节和风量控制，配合镀锌工艺相关参数调节，可有效减少或消除后基材厚锌层镀锌产品边部斜纹和中间贯穿条纹等缺陷，提高产品表面质量。这一技术在国内外首次被应用到厚基材厚锌层热镀锌生产线上，综合热镀锌质量控制方面取得了良好效果，见图 2。

冷轧带钢热镀锌质量控制数字化技术研究成果，已经在鞍钢冷轧带钢热镀锌线和河钢集团邯郸钢铁公司热基镀锌线产业化应用。

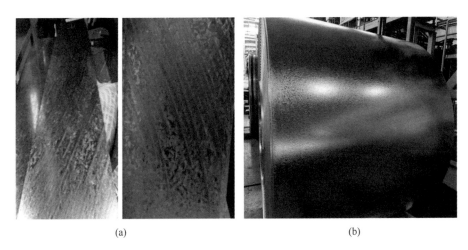

(a) (b)

图 2　热基镀锌带钢厚锌层边部斜纹与贯穿条纹缺陷（a）与
镀锌质量控制数字化技术使用后的产品质量效果照片（b）

李建平

长材管材轧制的
数字化与智能化案例

基于全流程工业数据的热轧无缝
钢管在线控冷温度模型

1 研究背景

热轧无缝钢管工艺技术领域工艺—装备—产品的一体化创新突破,大幅度变革了传统生产工艺方法和流程,实现了热轧无缝钢管绿色高效制造的技术引领示范。为实现钢管在线冷却常态化工业稳定生产,需开发涵盖基础自动化、工艺自动化及相关数学模型在内的整套控制系统,以满足热轧无缝钢管在线冷却过程的高精度稳定控制需求。

热轧无缝钢管生产存在品种多、小批量且规格变化范围较大的特点。以往热轧无缝钢管生产过程只关注产品尺寸精度,全流程除环形炉加热和新增在线控制冷却工序外,中间热成型过程缺少相应的温度控制手段,温度控制较为粗放。管坯—钢管全流程温度演变具有连续性和遗传性,上游工序温度状态会遗传至下游工序,进而影响下游工序的控制效果。在线冷却作为无缝钢管生产热轧过程最下游环节,其温度控制受上游工序影响较大,尤其在当前热轧无缝钢管生产工艺下,为实现钢管温度高精度控制,必须考虑上游工序的影响。

为此,针对热轧无缝钢管生产典型的小批量多品种多规格的生产模式,我们开发出满足管材生产多流程工艺控制策略,突破了管材单工序孤岛式控制瓶颈,实现热轧无缝钢管在线冷却过程的精准控温。

2 主要创新性成果

(1)开发了非对称冷却过程钢管机理模型。采用仿真建模和机理建模混合的方法,构建适用于热轧钢管环形断面非对称冷却机理模型,如图1所示。首先通过传热学原理,建立了环形断面温度预测解析模型。然后通过建立钢管非对称冷却过程的三维有限元仿真模型,阐明了环形断面非对称冷却热交换机制,解析了工艺参数对换热系数的影响规律,开发了非对称冷却过程钢管内/外表面综合换热系数模型。最终采用在线控制动态修正策略,实现全过程动态设定与控制,从而保证冷却过程钢管温度的精确控制。

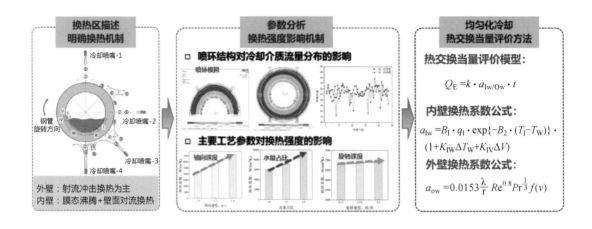

图 1　非对称冷却过程钢管机理模型开发示意图

（2）多流程工艺控制策略。针对钢管快节奏生产特点，开发了多流程工艺控制策略，如图 2 所示。首先研究了 V 形辊道钢管速度计算方法，为钢管位置精确跟踪提供了基础。然后根据钢管位置在线跟踪计算与修正，实现在线冷却系统翻钢控制单元、供水系统控制单元和冷却水流量自适应调节单元之间相互协作，根据无缝钢管对冷却工艺需求，实现对钢管终冷设定温度的精确控制，满足了快节奏下多支钢管连续冷却的需求。

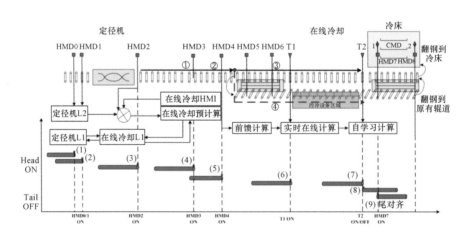

图 2　热轧无缝钢管在线控冷工艺控制策略

（3）多阶介质控制策略。热轧无缝钢管在线冷却系统投用过程中，冷却喷环流量的稳定性和精确度直接影响温度控制精度，因此，对供水系统的压力及各冷却喷环流量控制精度要求较高，如图 3 所示。通过开发的在线冷却系统和流量高精度控制关键技术，实现了压力的稳定调节与流量的精确控制。针对高压冷却水调节过程的特点，采用多阶段实时调节控制，实现各冷却集管流量的精确控制，为温度的精确控制提供必要的前提条件。

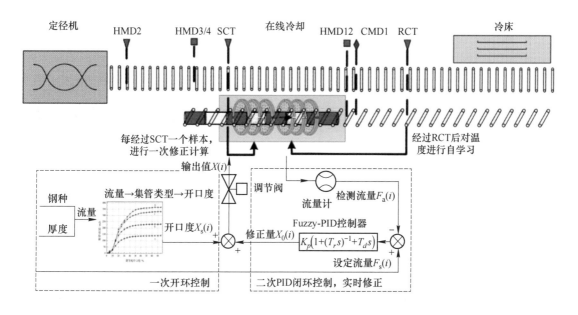

图 3　智能介质控制策略

（4）基于全流程温度信息感知的钢管冷却温度控制。管坯—钢管全流程温度演变具有连续性和遗传性。如果忽略上游工序的遗传效应，温度控制水平难以再从单工序或某个独立系统取得进一步突破。基于此，热轧无缝钢管在线控制冷却工艺模型构建应从全流程角度出发，充分挖掘上下游工序间的数据关联，构建基于全流程工业数据的温度控制模型，避免单工序孤岛式控制，从而保证钢管在线冷却过程的温度控制精度。除钢管基本信息及冷却工艺参数外，将前段工序过程温度参数：加热温度、加热时间、轧制温度等作为重要特征，采用即时学习方法实现了模型参数的准确预测。同时采用增量聚类算法，在保证了高效计算和在线增量扩展的需求。

3　应用情况与效果

基于非对称冷却过程钢管孪生模型、全流程数据驱动的控制策略，实现了热轧无缝钢管在线冷却的控制系统集成，实现了复杂多规格工况下最优工艺控制。图 4 所示为热轧无缝钢管在线冷却系统及控制效果，冷却喷环水流量控制精度误差不超过冷却工艺设定值的±5%；压力控制精度偏差不超过工艺设定值的±0.05 MPa；钢管冷后温度±20 ℃命中率达到 96.4%。

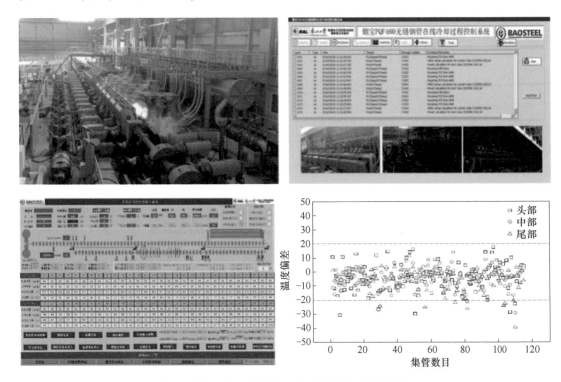

图 4　热轧无缝钢管在线冷却系统及温度控制效果

康　健

基于数据驱动的钢轨在线热处理工艺模型开发

随着铁路行车速度、牵引重量、运输密度增加，传统热轧钢轨容易发生鱼鳞伤损、掉块、侧磨等缺陷，严重影响了钢轨使用寿命和行车安全。研究和应用表明，高强度热处理钢轨，可显著改善钢轨耐磨和抗接触疲劳性能。热处理钢轨组织和性能受化学成分、冷却强度、环境温度等因素交互影响，目前热处理工艺都是依靠人工经验，根据相应工艺条件进行调整和优化，存在工艺调整周期长、成本高、控制精度差等问题，这严重制约了热处理钢轨性能的进一步提升和发展，亟须提高热处理工艺控制精度。

我们开展了基于数据驱动的钢轨在线热处理高自学习工艺模型开发，将目前热处理钢轨各项工艺数据进行梳理，研究钢轨的化学成分、入口温度、环境温度等对热处理钢轨性能的综合影响规律，并开发与之相适应的描述算法，建立在线热处理自学习工艺模型，通过软件模型的开发和算法的不断反馈迭代和完善，提高热处理钢轨产品开发效率和智慧制造水平，降低工艺调试成本，提高热处理钢轨性能合格率，如图1所示。

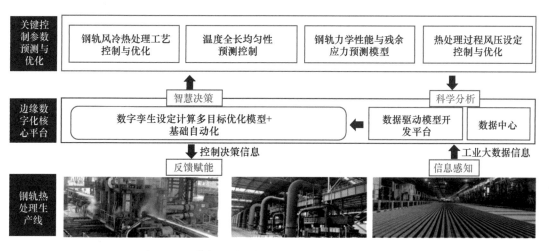

图 1　基于数据驱动的钢轨在线热处理工艺优化系统

面向 60 kg/m U75V、50 kg/m U75V、60 kg/m U71Mn 和 50 kg/m U71Mn 四类钢轨的生产数据，建立了基于热处理产品规格、化学成分、环境温度、钢轨温度、工艺数据以及力学性能的数据平台。基于该数据平台，开发了数据清洗与治理技术，根据数据在高维特征中间的密度分布将相似的数据归为同一类簇，并剔除数据采集误差导致的离群值。然后将划分后的类簇单独训练，采用深度前馈全连接神经网络，并借助残差网络优化网络结构，改善深层网络的性能退化问题，训练最优模型进行预测。最后，

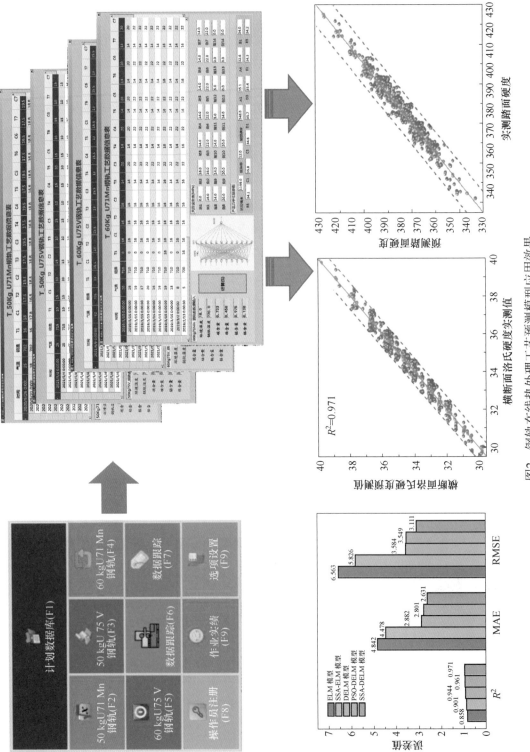

图2 钢轨在线热处理工艺预测模型应用效果

将所构建的浅层网络以及未优化的深层网络对比和结构优化，并将优化后的模型应用于钢轨在线热处理工艺预测模型，从而计算出钢轨热处理过程中在 14 个踏面和 14 个侧面的风压设定值，同时还计算出钢轨经过热处理后的抗拉强度、伸长率、踏面硬度、横断面洛氏硬度等性能。风压参数可用于在线的风压设定和开口度的调整，如图 2 所示。

该技术在武钢轨梁厂钢轨热处理生产线实现了在线应用，风冷热处理温度在±8 ℃ 比例达到 95.3 %，抗拉强度模型误差在±5%比例达到 92.4%，踏面硬度模型误差在±5%比例达到 91.6%，横断面洛氏硬度误差在±5%比例达到 91.5%。该技术可根据相应工艺条件自动进行调整和优化，大幅度缩短了工艺调整周期、提高了工艺控制精度，减少了对人工经验的依赖，提高了热处理工艺控制精度。通过开展钢轨在线热处理高精度数据驱动工艺模型开发，提高热处理钢轨产品开发效率和智慧制造水平，降低工艺调试成本，提高产品合格率。同时，该项目研究成果符合当前智能制造发展总体要求，引领了数字化和智能化技术在钢铁行业中的技术进步，具有典型的示范作用和广阔的推广应用前景。

丁敬国

能源调度、装备运维和关键设备开发的数字化与智能化案例

能源动态预测与多能流耦合优化调度关键技术

围绕钢铁生产过程的煤气、蒸汽、电力等能源介质，采用生产工艺机理与数据驱动相结合的方法建立了煤气等能源介质供需动态预测模型及多能源耦合优化调度模型，形成自主知识产权的关键核心技术，提高能源利用效率，实现节能减排，在国内多个钢铁生产基地在线实施，形成示范应用效果。

1 技术简介

以钢铁企业全流程能源系统为对象，依托企业相对完善的 EMS 和 SCADA 系统，基于机器学习、三流一态协同技术等综合考虑能源的波动性特征及多能流的多时段、多介质的耦合特性，实现能源介质的动态预测与多能流耦合的优化调度技术。基于数据与机理混合驱动方法，对不同设备在不同工况下的运行状态及能源产耗进行准确建模，实现多工况下设备运行状态的提前感知和能源的动态预测。基于多能流耦合建模技术，研究多设备多管网的协同优化调度方法，综合考虑工序间的协调配合，能源介质的产耗波动及能源需求的变化，能源价格的波动，构建多能流耦合优化调度模型，平抑管网波动，优化能源调度，解决企业存在的能源调度不合理、能源放散问题，助力企业实现能源的精细化管理。

2 模型构成

（1）动态能量流、信息流与设备状态协同技术。流程工业中能量流的流向、流性和流量等参数具有很强的时空序列特性和耦合特征，通过研究在不同时空下能量流、信息流与设备状态的动态运行特性及相互之间的耦合机理及变化规律，为能源动态预测与多能流耦合优化调度提供理论支撑。

（2）基于机理与数据混合驱动的能源动态预测模型。由于能源系统具有非线性、强耦合、多介质等特点造成现有机理模型很难满足动态化预测和精准化调控的要求。挖掘强耦合、多介质动态化特征数据，解构不同设备不同工况下的波动特性，构建面向能源系统运行优化的机器学习模型，开发基于机理与数据混合驱动的精确建模技术，实现能源的动态预测。

（3）基于工况变化的多能流耦合优化调度模型。综合考虑不同工况变化下的能源分配策略及负荷与效率的波动关系，设备与能源的波动变化，搭建具有普适性的综合调度模型。结合多周期管网约束，能源价格波动，提出多工况多目标的多能源介质运行优化调度和决策方法，采用初值改进的多目标数学规划方法，利用知识库中非支配解的引导，结合递阶协调局部区域寻优及随机全局寻优策略，形成由"日前调控–日内滚动调控–实时调控"构成的多周期多能流耦合优化调控方案（见图1）。

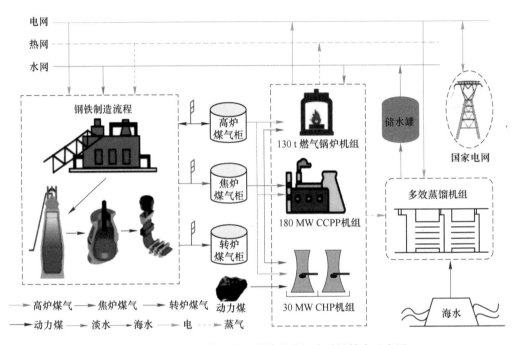

图1 能源动态预测与多能流耦合优化调度关键技术示意图

利用动态能量流、信息流与设备状态协同研究构建钢铁企业能源系统能量流、信息流的网络演化模型，探究能源介质的波动特性、多能流间的耦合机理以及设备不同工况下的运行特性，通过工业大数据对不同设备在不同工况下的运行特性进行建模，对不同能源采取行之有效的预测方式，构建机理与数据混合驱动的模型，而后将能源动态预测结果作为多能流耦合优化调度关键技术的输入值，通过引入分时电价，充分利用能源储罐，实现能源管网的优化调配。

3 效果展示

能源动态预测及多能流耦合优化调度技术在鞍钢鲅鱼圈、首钢京唐、宝钢股份、大冶特钢等企业落地实施，具有提高能源效率，降低企业成本，实现了节能降碳的目标。煤气的预测综合考虑不同工况，不同能源的波动，所构建模型具有较好的性能；多能流耦合模型实现煤气、蒸汽和电在锅炉和气柜之间的分配，其中锅炉包含启动锅炉、燃气锅炉和燃气蒸汽循环锅炉，气柜包含高炉煤气柜、焦炉煤气柜等，煤气指高炉煤气和焦炉煤气，蒸汽包含 S1，S2，S3 蒸汽，电包含外购电和自发电，分时电价为当地实际电价。优化分配煤气在未来一段时间在锅炉和气柜中的分配比例，同时考虑锅炉产汽供给主工序的需求以及电量需求，考虑分时电价及能源价格，适时将煤气存储于煤气柜，实现电价谷时存气少发电，电价峰时放气多发电。处理高炉煤气 500000 m^3/h，焦炉煤气 45000 m^3/h，发电 240 MW/h。年碳减排量约 25 万吨 CO_2。

图 2 为结果展示。能源预测以煤气预测为例，高炉煤气预测能够实现正常生产工况下预测平均误差（MAPE）小于 0.027，检修工况下误差小于 0.038。多能流耦合优化调度能够实现调度期内成本降低 7.6%，碳排降低 4.7%，并提高能源利用效率，优化能源的使用。

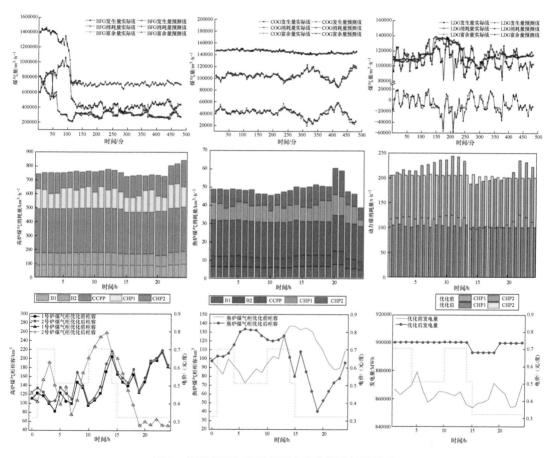

图 2　能源预测与多能流耦合优化调度结果展示

张　琦

铝合金高端热处理装备智能化研究与应用

1 概述

在高端高性能铝合金的整个生产工艺流程中，熔炼、铸造、热轧、冷轧、精整工序相关的装备和技术国内基本已掌握，但气垫式连续热处理炉、辊底式固溶热处理炉是重大短板和产能瓶颈装备，长期被国外垄断（如图 1 所示）。中国要想迈进世界有色金属强国行列，迫切需要加快传统铝材生产线升级改造、研制满足高性能铝材生产的关键短板装备、建设满足航空和汽车等高要求领域用高性能铝板带材产线以及优化工艺、实现生产过程精确控制。

铝合金辊底式固溶热处理炉，用于对航空、航天用高表面质量和高性能要求的 2xxx、6xxx、7xxx 铝合金中厚板（厚度≥4 mm）进行固溶处理或时效热处理，是生产飞机、火箭、船舶、兵器装备预拉伸板、高强高韧耐蚀铝材的必备高端高精装备。

气垫式连续热处理炉（简称"气垫炉"）是一种先进的带材高效高均匀性连续热处理设备，用于对 2xxx、5xxx、6xxx、7xxx 铝合金带材进行固溶处理或退火，是唯一能够满足铝合金汽车外板、飞机蒙皮、高等级 IT 板等高端铝合金带材热处理表面质量及性能均匀性要求的热处理装备，处理带材厚度范围为 0.3 mm~5 mm。在炉内气垫喷嘴支撑下，带材在漂浮行进的过程中完成热处理，由于采用非接触式、强对流炉气快速加热及冷却带材，可以连续高效地生产出高表面质量、高均匀性的高端铝合金带材。

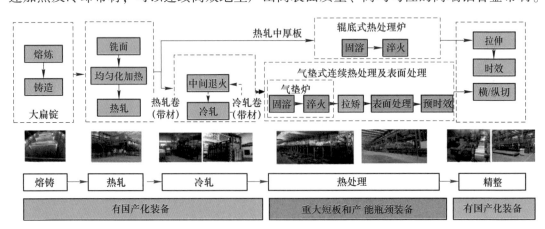

图 1 高端高精铝合金板带材生产工艺流程

2 装备研发与关键技术实施路线

随着国产大飞机项目、新能源汽车的稳步推进和快速发展，飞机蒙皮、机翼板、铝合金汽车板等高端铝合金板带的需求也急剧增加，要解除高性能高精铝合金材料的产能和质量束缚，实现生产高端高精铝材重大短板装备技术的国产化是关键，为此需研发以下重大短板装备和系统：（1）高表面质量和高精度铝合金带材气垫式固溶淬火装备和系统；（2）高精高均匀性铝合金中厚板辊底式固溶淬火装备和系统；（3）大型板材热处理智能工艺控制系统。研发实施路线如图2所示。

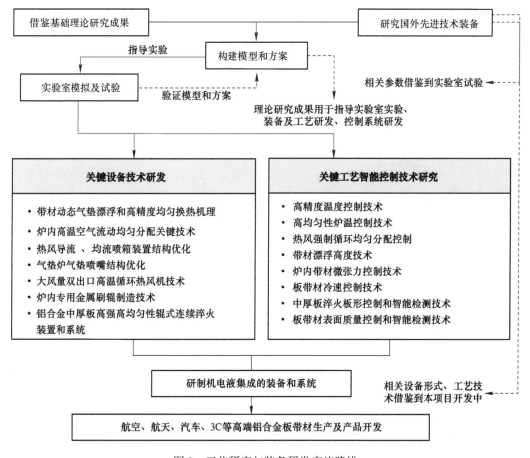

图2　工艺研究与装备研发实施路线

3 气垫炉、辊底炉热处理过程关键技术智能优化设计研究

铝合金板带材的固溶处理是一个复杂的热交换过程，为实现优良的温度均匀性，需要对高速热空气加热系统的均流导流系统进行系统的研究，确定均流导流结构形式、关

键结构参数、喷射装置布置，并对气流流动控制机理等进行研究。除此还需对驱动热风流动的关键核心部件大流量循环风机进行研发设计，以满足高温下长时间运转要求。对于气垫炉，气垫喷嘴在实现铝带稳定漂浮的同时，热空气不断冲击铝带，与铝带进行强制对流换热，在此过程中，要保证铝带在炉内的宽向和长度方向上的温度均匀，需要进行喷嘴内气体流动规律计算、炉内流场及温度场分析、铝带表面对流换热计算、铝带导热计算，分析铝带加热过程传热规律。铝带的加热速度影响加热质量、生产效率，需要研究其与气流速度、气流方向、加热循环介质量的关系，建立相关控制模型。

针对气垫炉和辊底炉的主要技术难点采用计算机模拟结合中试试验进行智能优化设计研究。

3.1 气垫式漂浮加热过程气垫动力学研究

针对气垫炉对称结构矩形侧缝隙、非对称结构扇形侧喷嘴、非对称结构矩形侧喷嘴三种结构进行了模拟仿真研究，如图 3 和图 4 所示，建立不同结构喷箱气垫力与循环热风温度和入口风速的数学关系模型，为气垫漂浮技术提供理论依据。

图 3　气垫炉不同结构喷箱流场示意图（对称矩形、非对称扇形、非对称矩形）

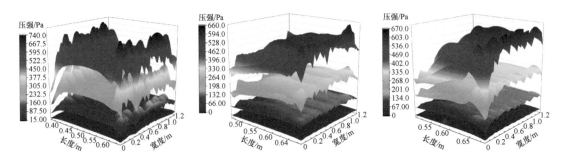

图 4　气垫炉不同形状喷嘴气垫区压强云图（对称矩形、非对称扇形、非对称矩形）

3.2 气垫式漂浮加热过程对流换热研究

气垫式固溶热处理技术属于强风气垫射流加热技术，该技术是指气体通过气垫喷箱作用在带材表面形成一层高于环境压力的高温气层，从而与铝板壁面之间产生换热,同时结合铝合金薄板内部的热传导实现板带材固溶升温过程。

通过对气垫式固溶热处理过程温度场、气垫式热处理过程强对流换热系数研究(扇形、对称矩形、非对称矩形),如图5和图6所示,总结分析不同入口边界条件对铝板温度场的影响,求解不同工艺条件下铝板升温速率,并且对强制对流换热规律进行系统总结,为气垫式热处理技术提供理论性依据。

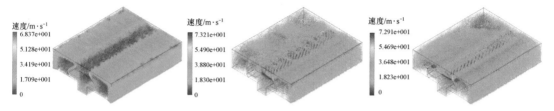

图 5　不同喷箱速度矢量图（对称矩形、非对称扇形、非对称矩形）

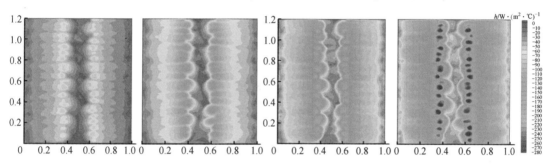

图 6　不同风速条件下对称矩形喷箱对流换热系数云图
（风速 4.11 m/s、8.23 m/s、12.34 m/s、16.45 m/s）

3.3　铝合金中厚板连续高均匀淬火系统

针对铝合金中厚板热处理过程淬火翘曲变形、淬火性能不一致的难题,基于有限元,建立系列大型整体高性能高压窄缝喷嘴、高压多排倾斜喷嘴、低压冠形喷嘴等三维模型,研究不同喷嘴体型等结构参数对冷却介质流量分布及铝合金板带材冷却特性的影响规律,如图7所示,得到优化的喷嘴结构,完成高均匀性低淬火变形装置和系统的研制与搭建。

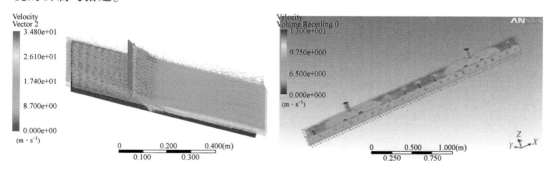

图 7　窄缝喷嘴倾斜射流冲击流体运动矢量图

3.4 高均匀空气循环加热系统

针对高端铝合金高精热处理过程在热风循环条件下实现高均匀的炉温控制，利用有限元模拟炉气导流、均流系统，研发高效大风量双出口循环风机，优化炉内热空气导流、均流装备结构，实现强制对流循环和加热系统最优化。基于有限元模拟、管内气体流动规律计算、炉内流场及温度场分析、铝带表面对流换热计算、铝带导热计算，分析铝带加热过程传热及漂浮影响规律，优化热风均匀分配的喷嘴加热装置，实现铝带稳定漂浮。

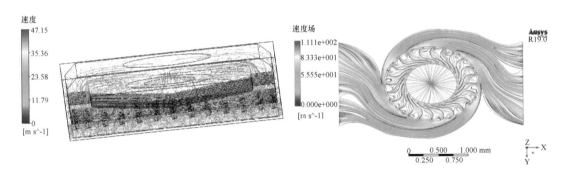

图8 炉内热风循环及风机流场三维仿真模拟

4 热处理智能生产关键技术

4.1 高精度热处理炉全自动智能控制系统

研发气垫炉热处理生产操控智能控制系统，实时采集现场设备运行状态数据、板带材原始数据、实时工艺数据，自上而下建立结构化、立体化、数字化的，与真实场景对应的生产工艺参数与设备参数，使管理人员通过简单直接的方式，全方位了解生产线关键流程和关键设备的运行状态，实现数字化的运维管理需求。图9为部分控制系统界面。

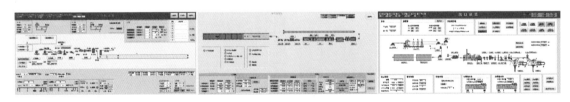

图9 气垫式热处理炉智能控制系统

4.2 板带表面质量和板形智能识别预测系统

4.2.1 气垫炉带材表面缺陷识别

为精准控制高端铝带材表面质量，实现现代化智能生产，需要准确、快速地识别铝带材表面缺陷。针对气垫式连续热处理及表面处理生产线的高端铝合金汽车板、航空板的表面质量缺陷问题，采用融入协调注意力的 MobileNetV2 模型进行缺陷图像识别，提高模型对铝带材缺陷图像特征提取能力，该模型缺陷识别精度高、识别速度快，具有很好的应用价值。

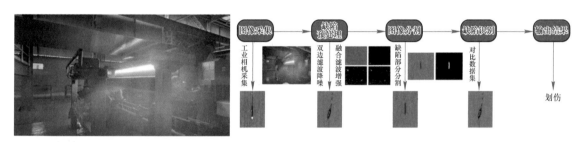

图 10　气垫炉带材表面缺陷识别系统（设备、算法识别）

4.2.2 中厚板板形预测系统

板形是铝合金板材质量的重要衡量标准之一。板形既影响产品成材率，也对板材后续加工工序产生重要影响。选取辊底炉产线淬火工艺数据、淬火前板材尺寸、淬火后板形翘曲度等数据，研究智能算法对辊底式淬火板板形的预测效果，寻找最优参数以达到最佳的板形预测效果。

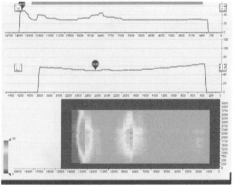

图 11　辊底炉板形预测流程

4.3 基于生产数据的智能制造数字孪生系统

清除数据孤岛，加强工业数据的利用。传统方式下，性能、板形、表面质量需要大量的离线检测后寻找影响因素再对现场工艺参数进行优化。随着大数据和机器学习技术的发展，数据驱动的性能预测技术得到了快速发展。通过建立高精度气垫炉装备三维数字孪生模作为基础来搭建气垫炉生产线关键生产流程的数字孪生系统，实现生产流程可视化，同时通过在线数据实测采集、数据分析和优化算法，研发基于生产大数据的智能化模型和算法 App，实现工艺参数的深度优化，如图 12 和图 13 所示。实现数字孪生系统的实时交互，反馈控制，数字赋能。

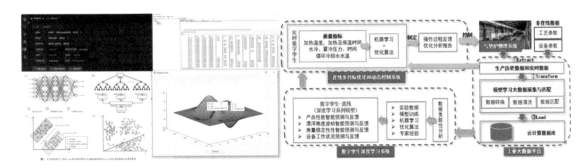

图 12　性能预测与故障诊断流程

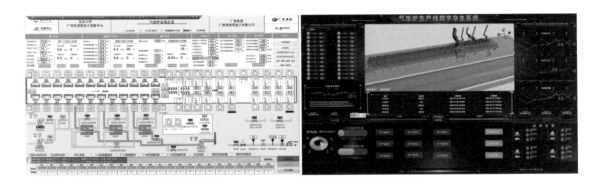

图 13　基于数据驱动的气垫炉关键流程的数字孪生系统

5　生产线智能化示范应用

5.1　铝合金中厚板辊底炉

研制出国产自主高均匀性加热装置和系统，实现了控温精度≤±1 ℃，炉温不超工艺温度±3 ℃，保温均匀性≤±3 ℃，满足 AMS2750 一级热处理炉要求，达到进口国外设备同等技术水平。淬火板形明显优于进口设备。

图 14　首套国产铝合金中厚板辊底炉生产线

5.2　铝合金气垫炉

团队自主研发、设计、制造的高品质铝合金板带材 2400 mm 气垫式连续热处理生产线，是我国首套国产化铝合金航空板、汽车板材料热处理短板装备产线。该项目成功实现了气垫加热系统、冷却系统、风机等核心部件自主配套，突破了我国在核心装备气垫式连续热处理炉研发和制造技术方面的瓶颈难题，从根本上解决了国内高品质铝板带材热处理生产线成套装备短板问题，实现自主创新，加速了高精高性能铝合金板带材产品研发成果自主转化能力，有力提升了我国在航空航天、新能源汽车、3C 及泛半导体等重点领域的关键铝合金材料供应保障能力。

图 15　首套国产铝合金带材气垫炉生产线

李　勇

钢铁生产过程中试研发创新平台数字化技术

现代钢铁生产过程的特点是生产过程连续化、工艺装备大型化、过程控制信息化和智能化，这些特点对钢铁冶炼、轧制和连退热处理工艺与装备技术性能提升和高端产品的研发提出了严格的要求。近年来，我国钢铁工业通过技术引进，在工艺装备方面已经实现了现代化，但是，钢铁企业在高端生产技术和高性能产品研发能力不强，尤其是用于工艺装备和新产品开发的中试实验设备落后，严重制约了企业的自主研发能力，缺少智能化中试实验研究装备和研发技术是我国钢铁行业的共性问题。

在这样的背景下，我们在自主开发轧制技术、制备和产品中试实验装备基础上，通过多学科交叉与国内外钢铁企业合作，研发出独具特色的集小炉冶炼、高刚度热轧机、组合式控制冷却、液压张力冷-温轧机、厚板热处理实验机、薄带连续退火实验机及高磁感硅钢热处理实验机等于一体的智能化中试研发平台，将巨大的冶金生产线浓缩到一个实验装备平台上，用精细化的工业试验研究来反映大规模的现场的真实情况（见图1）。在严格控制的工艺条件下，模拟实际生产工艺过程进行中试实验研究；依据钢铁生产工艺流程和新产品研发路径，建立多来源、多类型的智能数据控制中心，通过对中试研发实验过程的信息化、数字化、智能化等综合控制和 HMI 数据集成，完成海量数据的接收、处理、存储、计算验证和数据优化控制和转发，通过中试研发平台的冶炼、热轧、控冷、冷-温轧制和连退热处理及用户技术中试实验研究和生产示范，形成创新工艺装备技术和高端产品研发定型产业化应用。

智能化中试研发平台关键技术包括：

（1）开发出钢铁生产全流程的智能化中试研发创新平台技术。将巨大的冶金生产过程浓缩到实验研究平台上，进行钢铁工业全流程的中试研究，精确地实现金属冶炼、轧制、热处理和力学与组织性能演变过程，实现新思想、新工艺和新材料开发与工业示范，缩短研发周期，加速科研成果转化，为冶金企业创造巨大经济和社会效益，提升国家的核心竞争力。

（2）利用"大数据与机器学习解析技术"，建立智能化中试研发平台技术的数字孪生过程模型，实现中试实验过程的 App 可视化，将金属材料冶炼、轧制和热处理各阶段的变形过程，在精细化的工艺条件下，模拟实际工艺过程进行中试实验，精准地反映工业生产线的真实情况。

（3）数据报表分析、可视化。采用数据挖掘技术和数据统计技术，对序列化的实验数据进行分析、处理和汇总，查询单块试样和集成批量实验过程数据并依据数据库学习调用给出相应材料组织性能计算曲线和优化后的数据图表。

（4）开发钢铁工业生产全流程中试实验设备。高刚度热轧实验机：模拟控轧控冷生产过程，实现与生产坯料同样厚度的轧制压缩比；液压张力冷-温轧实验机，对难变形材料的温轧+温度时效同时进行，实现材料轧制变形过程中的组织性能控制；厚板、薄带退火实验机：可针对热轧厚板和冷轧带材实现高温固溶退火和常化热处理等多重热处理功能，可完成取向硅钢脱碳、还原和渗氮退火工艺过程，涵盖了普碳钢、硅钢生产过程中连续退火全部热处理工艺过程。

图1　现代钢铁生产过程智能化中试研发创新平台及数据控制中心

建立"大数据与机器学习解析技术"，建立中试研发平台技术数字孪生过程模型，实现中试实验过程的 App 可视化，将金属材料冶炼、轧制和热处理各阶段的变形过程，在精细化的工艺条件下，模拟实际工艺过程进行中试实验，精准的反映工业生产线的真实情况，破解生产过程"黑箱"，解决生产过程中的关键共性技术问题，向企业提供可以应用于现场的研究结果，加快研究成果的快速转化。图2所示为现代钢铁生产过程智能化中试研发创新平台典型实验设备。

钢铁工业全流程中试研发创新平台，作为东北大学的独有技术，在宝武、鞍钢、河钢和日本冶金等国内外20多家大型钢铁企业研究院、高校和科研院所推广应用，国内外占有率达97%。

图 2　现代钢铁生产过程智能化中试研发创新平台典型实验设备

李建平

复杂工况下冶金关键机械装备智能
迁移故障诊断系统研发

1 研究的背景与问题

冶金关键机械装备是支撑冶金行业发展的重要支柱。其故障诊断对保障冶金装备安全可靠服役至关重要，是国家重大战略需求。近年来，冶金机械装备故障诊断呈现出基于状态监测大数据的智能化发展趋势，然而同时也带来了新的挑战：（1）装备故障状态下的数据往往难以获取，如何实现小样本数据的智能增强；（2）复杂机械装备故障特征通常比较微弱同时伴有强烈噪声，如何实现微弱特征智能提取；（3）不同待测装备通常存在显著差异，如何实现普适的智能诊断。

在国家倡导有组织科研的大方针下，东北大学钢铁共性技术协同创新中心与西安交通大学针对冶金行业关键工程装备的智能运维进行联合攻关，围绕机械智能故障诊断的新挑战，凝练出三个关键科学问题：装备状态监测数据的智能增强原理、强噪声干扰下故障微弱特征智能提取机制、复杂变工况下故障诊断知识智能迁移规律，基于此开展了系统性的研究工作，研究思路如图1所示。

图1 冶金装备智能诊断研究思路

2 主要创新性内容

（1）提出了机械装备状态监测数据智能增强理论。建立了随机噪声到真实监测数据分布的映射，提出了时频域信号自适应变换方法，揭示了机械装备不同故障模式监测数据内在变化规律，为大数据驱动的智能故障诊断提供了理论依据与数据支撑。

（2）提出了强噪声下机械装备监测数据故障微弱特征智能提取方法，建立了"端到端"的机械装备智能故障诊断模型，构建了残差连接的深度卷积神经网络结构，阐明了智能诊断方法的故障模式识别原理，解决了传统信号处理方法在强噪声下难以提取故障微弱特征的难题。

（3）提出了机械装备智能故障迁移诊断理论，发现了多源状态监测数据共性故障特征的提取规律，攻克了智能诊断方法对不同装备在复杂变工况下泛化能力差的技术瓶颈，形成了普适性强的机械装备智能诊断理论与方法，如图2所示。

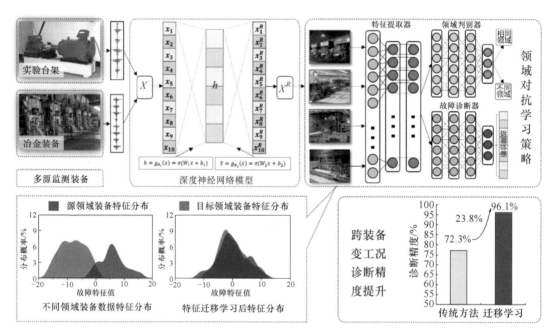

图2　冶金装备变工况智能故障诊断理论

3 项目成果与应用情况

围绕以上创新工作，团队发表了60余篇高水平SCI论文，包括 *IEEE Transactions on Industrial Informatics*、*IEEE Transactions on Electronics*、*Journal of Manufacturing*

Systems、*Journal of Intelligent Manufacturing* 等多种本领域权威期刊，其中 19 篇入选 ESI 高被引论文，受到美国、英国、加拿大等国家多名院士、ASME/IEEE 等国际权威学会的 Fellow 在内的国内外同行广泛关注和正面评价。

　　基于所提出的创新理论与方法，形成了冶金机械装备监测数据增强、故障微弱特征提取、迁移智能诊断等关键技术。依托核心技术研发了冶金机械关键旋转部件智能故障诊断系统平台，并在唐山文丰、山东冠洲等多家企业进行了工程验证，获得用户评价"故障诊断准确率超过 90%，大幅降低了设备故障带来的产品质量异议，减少了减速机等备件的库存，吨钢成本降低 5 元""应用该技术后设备维修成本降低了超过 30%，设备停机时间降低了超过 20%"等，良好地解决了冶金行业关键机械装备的故障智能诊断难题。

　　本研究成果获 2022 年辽宁省科学技术奖自然科学二等奖、2023 年中国振动工程学会科学技术奖基础研究二等奖。

李　旭